プロブレムQ&A

新・なぜ脱原発なのか？

［放射能のごみから非浪費型社会まで］

■

西尾　漠・著

緑風出版

プロブレムQ&A

目次

プロブレムQ&A

はじめに・9

I　なぜ脱原発か

Q1 原発を廃止しないといけないという理由は何ですか？ —— 14
脱原発とは、文字通り原発から脱け出すこと。では、なぜ脱原発なのか。原発のある社会から脱け出さなくてはいけないのはなぜなのでしょう。

Q2 福島原発事故とは、どんな事故なのでしょうか？ —— 19
甚大な被害をもたらした東京電力福島第一原発事故。それは、どんな事故で、どのような特色がみられる事故なのでしょう。

Q3 福島事故による放射能被害について、どう考えたらよいでしょうか？ —— 24
放射能の被害については、さまざまな考え方があるようです。まっとうな不安が「風評」を生むとして抑え込まれることで、いっそう不安になります。

Q4 世界中で、なぜ原発事故はなくならないのですか？ —— 28
スリーマイル島原発、チェルノブイリ原発、福島第一原発と、大事故が後を絶ちません。小さくても、死傷者を生んだ事故、大事故になりかけた事故もあります。

Q5 原発と原爆とは、まったく違うものではないのですか？ —— 32
原発と原爆とはコインの裏表と言う人もいれば、まったく違うものだと言う人もいます。どちらが本当なのでしょう。原発を持つ国は潜在的核保有国なのですか。

Q6 労働者の被曝はどうしても避けられないものなのですか？ —— 38
原子炉の中では放射能が生まれているのですが、その放射能による被曝を避けることは不可能でないように思われます。できないのでしょうか？

Ⅱ　放射能のごみ

Q7　放射性廃棄物がなぜ問題なのですか？　46
放射能のごみ（放射性廃棄物）は将来の世代への「負の遺産」と呼ばれたりします。どこが問題なのでしょう。そもそも放射能のごみとはどんなものですか。

Q8　低レベルの廃棄物なら、心配することもないのではありませんか？　52
放射能のごみと一口に言っても、なかには低いレベルのものがあるとのこと。レベルが低いものまで危険視しなくてもよいのでは。

Q9　高レベル廃棄物も、地下深く埋めれば安心なのではありませんか？　58
高レベル廃棄物は地下三百メートル以深に埋めて処分することが考えられています。そうすれば将来の世代に負担をかけずにすむということですが。

Q10　「科学的特性マップ」の公表で、処分場探しはすすむのでしょうか？　65
地層処分場の「適地マップ」が公表されました。これによって処分場の立地場所は決まってくるのですか？　その地域の住民の意見は反映されますか？

Q11　使わなくなった原発を解体するのは難しいことですか？　69
廃炉となった原発は、一定の管理期間の後に解体撤去をするというのが、日本政府や電力会社の考えです。そこにはどんな問題があるのでしょうか。

Q12　放射能レベルの低い廃棄物は、再利用するのが合理的ではないですか？　77
放射能レベルの低い廃棄物は、放射性廃棄物扱いをする必要はなく、ふつうのごみとして捨てたり再利用したりできるとか。それではいけないのですか。

プロブレム Q&A

Ⅲ 核燃料サイクルという虚妄

Q13 原発の燃料はリサイクルできるって本当ですか？
原発の燃料がリサイクルできるというのは、資源が少ない日本にとって魅力的。もしも本当なら、とてもよいことではありませんか。 86

Q14 高速増殖炉は「夢の原子炉」ではないのですか？
使った燃料より多くの燃料を新しく生み出す高速増殖炉。まさに「魔法のかまど」であり「夢の原子炉」ですが、実用化はやはり難しいのでしょうか。 97

Q15 プルサーマルって、特別に危険なことなのですか？
プルサーマル計画がうまく進まない、とマスコミをにぎわすようになって何年にもなります。プルサーマルはなぜ、どこでも嫌われるのでしょう。 108

Q16 使用済み燃料は、どうしたらよいのでしょうか？
原発で燃やされ使用済みとなった燃料が、貯まりつづけています。あと始末をどうしたらよいのか。中間貯蔵は解決策にならないのでしょうか。 116

Q17 核融合に期待するのは間違っていますか？
核融合こそ究極のエネルギー源、と言われたりします。クリーンなエネルギーとも宣伝されています。本当のところはどうなのでしょうか。 122

Ⅳ 原発のメリットは

Q18 問題点さえ克服できれば、原子力には大きなメリットがあるのでは？
燃料のウランの供給が安定していて、「国産エネルギー」に数えられる原発。さまざまなメリットを考えれば、問題点を克服して利用するのがよいのでは。 130

V 原発を止める

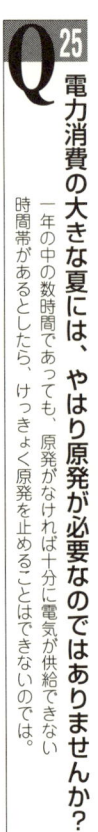

Q26 原発を止めると化石燃料をよけいに燃やすことになりませんか?
原発を止めたら、そのぶん火力発電所の利用率を高め、化石燃料で環境汚染を悪化させることになるのでは? また、電気料金の値上げにもつながりませんか。 — 170

Q27 世界の各国は本当に脱原発に向かっているのですか?
世界は脱原発に向かっている、とよく言われます。他方で、再び原発建設の動きが出てきたとのニュースも聞こえてきます。どちらが正しいのでしょう。 — 173

Q28 どうしたら原発の全廃が可能になるのでしょうか?
原発の全廃が望ましいというなら、長期的にも本当にできるのかが示される必要があります。暮らしの質を落とさずに原発を止めることは可能でしょうか。 — 177

- 引用は、数字と句読点の表記以外は原文のママ
- ［ ］内は著者による補足、……は中略
- 肩書きは、発言当時

はじめに

原子力発電所はなぜ廃止しないといけないのか、原発を廃止しても電力の供給はだいじょうぶなのか——といった疑問への答を、私なりに考えてみたいと思います。これからお話しするのは、あくまでも正しい答というのではなくて、私はこう思うということです。

もちろん、一つひとつの事実については、可能な限り正確に、と心がけていますが、考え方には異論を持たれる方も、きっとあるでしょう。さまざまな考えを突き合わせ、大いに議論をして、どうしたら原発を止められるかを本気で考えたい。そのきっかけとしていただければ幸いです。

私は、原子力問題の「専門家」ではありません。私が原子力の問題とかかわりを持つのは、大学を途中でやめて、広告業界の隅っこに就職をしてからです。そもそも物理とか化学とかは大の苦手でしたから、原子力なんてものへの興味は、もともと少しもありませんでした。

私に変身をうながしてくれたのは、電力業界の新聞広告です。一九七三年、といえばオイルショックのあった年ですが、その半年前の四月から、電気事業連合会（電力会社の連合体）が、全国各紙に大きな広告を、毎月

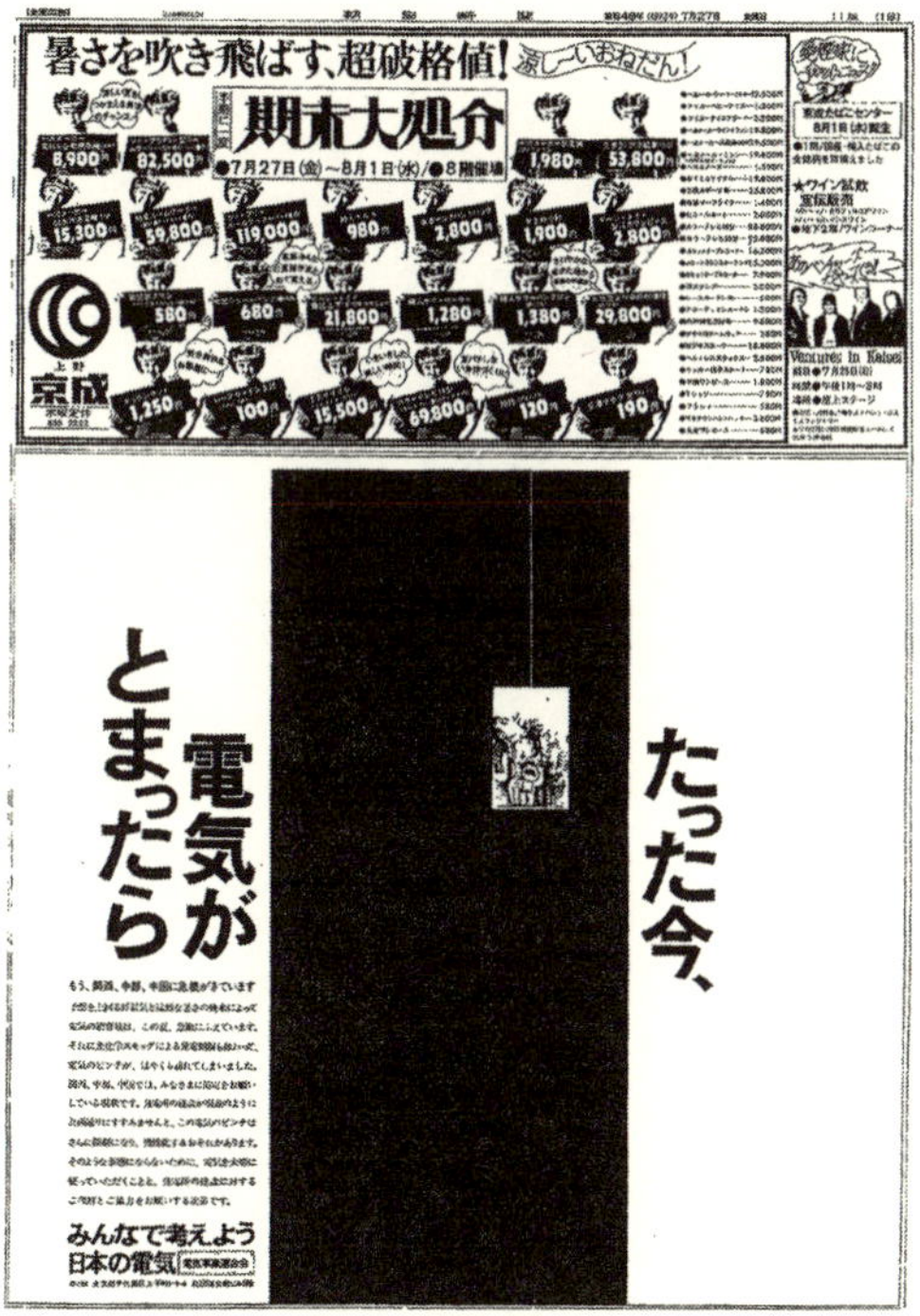

一回のページで出し始めます。たとえば、その一つは「たった今、電気が止まったら」という文字、真っ暗ななかに止まってしまったエレベーター、という図柄のものでした。このままでは電気が止まってしまうぞとおどし、「発電所の建設に対するご理解とご協力をお願いする」広告です。

誰をおどすのか。公害・環境問題を憂えて火力発電所の建設に反対している地元の人たち（当時は、「反原発」より「反火電」が電力会社の頭痛のタネでした）でないことは確かです。この広告が対象にしているのは、明らかに、「電気が止まったら困る」と考えている都市の住民です。都市の住民に向かって、発電所建設に反対する住民を〝敵〟と見るよう促し、力づくで建設を強行するのに同意を迫る広告の表現は、私にとって大きなショックでした。

もっとも、このときまでは、広告の仕事が私たちの生活にとって有益無害な仕事だと信じていたかといえば、そんなことはありません。より正確に言うなら、広告という仕事のいかがわしさが気になりだしていたからこそ、そうしたいかがわしさをグロテスクなまでに拡大した電気事業連合会の広告がショックだった、ということでしょう。

これがきっかけで、やがては反原発運動全国連絡会が発行する『はんげんぱつ新聞』の編集者や原子力資料情報室の共同代表にまでなってしまうのですから、電気事業連合会の広告が今日の私を生み出したことになるでしょう。さて、ありがたいと言うべきか……

プロブレムQ&A

I

なぜ脱原発か

Q1 原発を廃止しないといけないという理由は何ですか？

脱原発とは、文字通り原発から脱け出すこと。では、なぜ脱原発なのか。原発のある社会から脱け出さなくてはいけないのはなぜなのでしょう。

福島第一原発事故

福島第一原発の事故を目《ま》の当たりにしたいま、脱却《だっきゃく》を望むのは、きわめて当然のことでしょう。

福島原発事故では、「震災・原発事故関連死」と呼ばれる死者が二〇一八年三月末現在、福島県内だけで二二〇〇人を超しています。既に子どもたちの甲状腺がんの顕著《けんちょ》な増加がみられます。今後も、さまざまな病気にかかる人が増え続けることが懸念《けねん》されています。

核兵器の爆発の場合は、放射線被曝《ほうしゃせんひばく》だけでなく、物理的な破壊や熱の影響が大きいのですが、原発の大事故では寿命《じゅみょう》の長い放射能《ほうしゃのう》（放射性物質）を大量に放出するという、核兵器の爆発とはまた別のやっかいさがあります。

〔災害〕関連死
災害による直接の被害ではなく、避難途中や避難後に死亡（自死を含む）した者の死因について、災害との因果関係が認められるもの。

被曝
放射線にさらされること。

放射能
もともとは放射線を出す性質のことだが、放射性物質（放射能をもった物質）の意味で使われることが多い。

そのため、核兵器の爆発より長く影響がつづき、長期にわたる放射能災害をもたらすのです。

福島原発事故の被害者は、平穏《へいおん》に生きる権利を奪われました。当たり前の暮らしを、そんな暮らしをつくり上げてきた歴史を、人のつながりを奪われました。

二〇一八年三月末現在、これも福島県内だけの公的発表で四万六千人が避難者となっています。不安を抱えながら離れられなかった人、戻らざるをえなかった人も大勢います。

事故の幕引きを図るため、東京電力の補償の軽減のため、年間二〇ミリシーベルト（平常時の二〇倍）というきわめて高い線量を基準に、次々と避難指示区域の指示解除が進められ

核爆発と原発事故の放射能の減り方

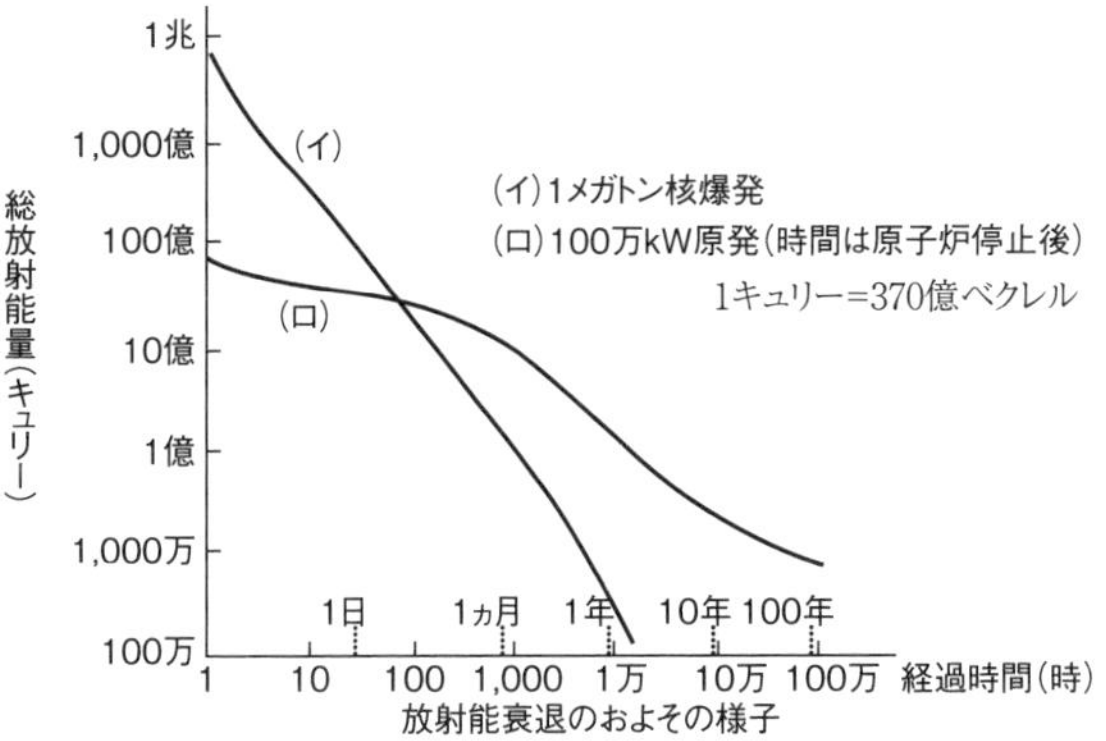

放射能衰退のおよその様子

高木仁三郎『核時代を生きる』（講談社現代新書）より

シーベルト

生物体への放射線照射の影響の度合いを表わす単位。ミリシーベルトは一〇〇〇分の一シーベルト、マイクロシーベルトは一〇〇万分の一シーベルトである。

ています。住宅の無償供与や賠償が打ち切られる中、否応なく帰還を強いられている人たちがいます。困窮《こんきゅう》の中で避難を続けている人たちがいます。その誰にとっても、ふるさとはかつてのふるさとでなくなっています。二度と再び放射能災害をくりかえしてはなりません。原発を廃止しなくてはならない第一の理由です。

さらに、原発は、超長期の管理を必要とする高レベル放射性廃棄物《ほうしゃせいはいきぶつ》をはじめとして、大量かつ種々雑多な放射性廃棄物を発生させます。原発とその関連施設（核燃料サイクル施設）が生み出すごみです。

そのごみは、消すことも捨てることもできないごみです。捨てた放射能は、再び将来の世代が暮らす中に戻ってくるかもしれません。ウランの採掘から各施設の後始末まで、国内外の多くの人々の犠牲を必然とするごみです。

大きな事故が起きなくても、原発や核燃料サイクル施設で働く労働者は、何層にもなる多重下請け構造のもとで、放射線を浴びながらの過酷《かこく》な労働を強いられています。これらの人たちの被曝《ひばく》なくして、原発も核燃料サイクル施設も、まったく動きません。

高レベル放射性廃棄物
日本では、再処理廃液《はいえき》を固化したものを言う。↓五八ページ

核燃料サイクル
ウランの採掘から原子炉で燃やしたあとの始末までの全過程。電力会社などは「核」の字を嫌って「原子燃料サイクル」と呼んでいる。↓八六ページ

日本の原子力発電所の現状　(2018年7月12日時点)

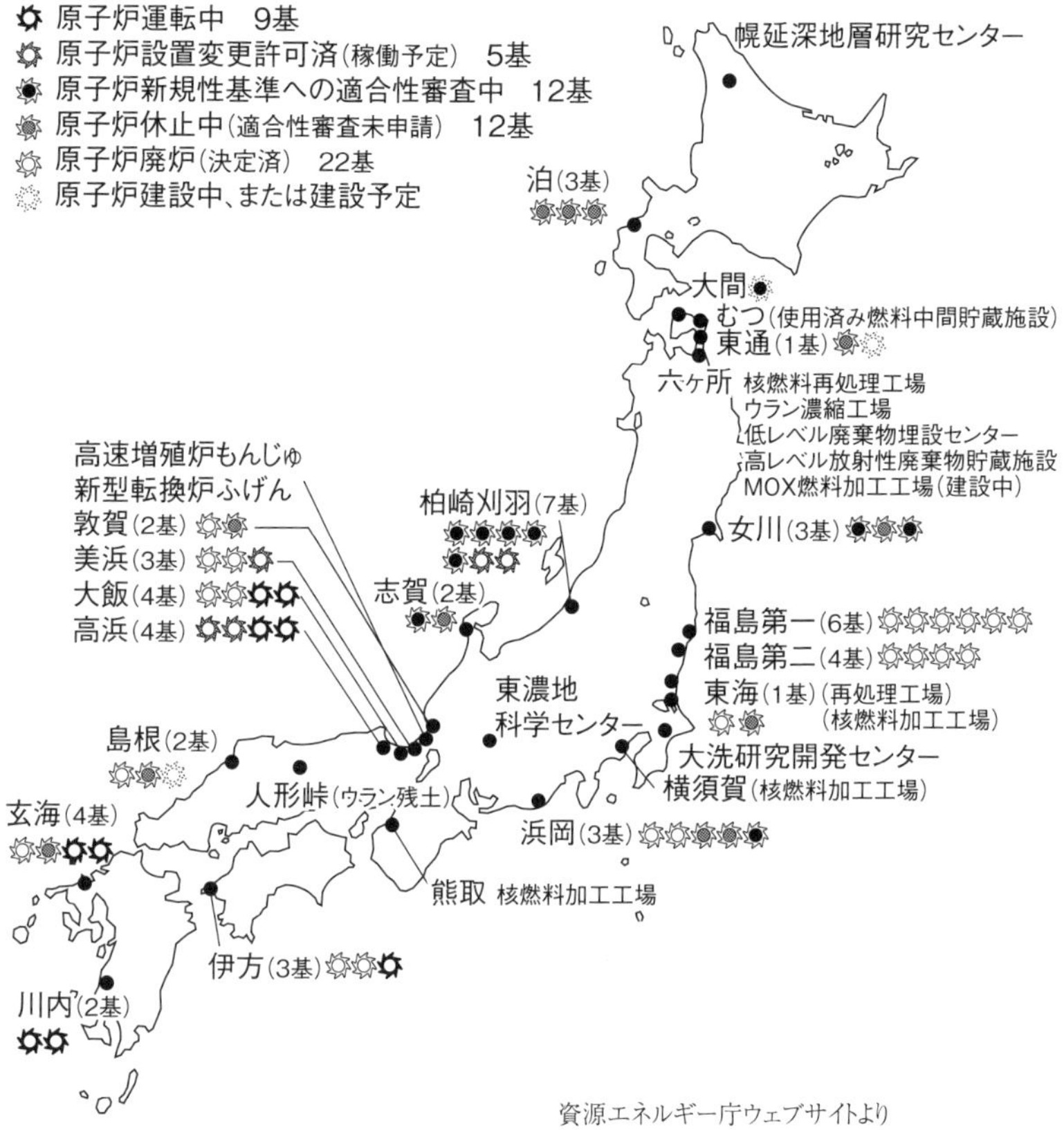

資源エネルギー庁ウェブサイトより

また、それら施設は日常的に煙突（排気筒）や排水口から放射能を放出《ほうしゅつ》し、放射能が環境に蓄積《ちくせき》することになります。

核燃料サイクルは、ウランの濃縮《のうしゅく》と再処理《さいしょり》という、核兵器の製造に直結する施設を抱えてもいます。

原発を廃止しなければいけない理由を挙げていけば、きりがありません。でも、原発がないと電力の供給不足になるのでは？ そんなことはない、と原発がほとんど止まったままでいる現在の状況が証明しています。後に述べるように、そもそも原発こそが電力の安定供給を脅《おびや》かす元凶《げんきょう》なのです。安心して電気を使うためにも、原発は廃止されるべきです。

私たちにできることは、原発や核燃料サイクル施設を廃止し、すでにある放射能のごみについて少しでも安全な管理の方法を用意すること、そして、将来の世代が原子力にも化石燃料にも依存せずに豊かな生活ができるような社会のしくみをつくることではないでしょうか。それが、脱原発です。

濃縮
核分裂しやすいウランの含有率を高めること。

再処理
使用済み燃料の中からウラン、プルトニウムを取り出すこと。

Q2 福島原発事故とは、どんな事故なのでしょうか？

甚大な被害をもたらした東京電力福島第一原発事故。それは、どんな事故で、どのような特色がみられる事故なのでしょう。

世界のどこでも前代未聞

二〇一一年三月一一日、三陸沖を震源とするマグニチュード9・0の東北地方太平洋沖地震が発生しました。大津波を伴ったこの地震により、東北から関東にかけての太平洋岸は、「東日本大震災」と呼ばれる甚大《じんだい》な被害に見舞われました。被災地域にあった原発ではどこでも、運転中だった原子炉《げんしろ》の冷却《れいきゃく》は、綱渡りとなりました。とりわけ深刻な事故となったのは、東京電力の福島第一原発です。

福島原発事故は、いくつもの点で世界のどこでも前代未聞《ぜんだいみもん》の事故となりました。設計時の想定を超えるシビアアクシデント（過酷事故）としては、スリーマイル島原発事故、チェルノブイリ原発事故に次ぐ三例目です

マグニチュード
地震が発するエネルギーの大きさを表わす指標値。

原子炉の冷却
原子炉の運転を停止しても、燃料は高い熱を持ち続けているため、冷却が必要。

シビアアクシデント
過酷事故。安全審査で想定した事故を大幅に超える規模の事故。新たな規制基準では「重大事故」と呼ばれている。

が、前二例では単独の号機の事故でした。ところが福島第一原発では1～4号機で並行して、かつ号機ごとに異なった問題を抱え、加えて、相互に影響しあうことで対応を遅らせる事故となっています。複数号機の事故のため、情報は錯綜《さくそう》し混乱しました。

1～3号機では炉心の燃料が溶け落ちるメルトダウンが起き、燃料を包む金属と水の反応で生まれたとみられる水素の爆発で1、3、4号機は建屋上部が吹き飛びました（定期検査のため燃料が抜かれていた4号機には、3号機で発生した水素が回り込んだと説明されていますが、本当のところはわかりません）。2号機では格納容器底部の圧力抑制室付近で何らかの原因による破壊があり、大量の放射能を放出させました。

事故は、いまも続いています。終わりは見えません。どうなったら「終わり」と言えるのかすらわからない状況は、七年余りが経っても、なお変わりありません。

終わりが見えないのは、今が見えないからです。1～3号機で燃料がメルトダウンしたのは確かですが、溶けた燃料がどこに、どれだけ、どのような状態で存在するのかは、いまだにほとんどわかっていません。三〇～

スリーマイル島原発事故

一九七九年三月二八日、アメリカのスリーマイル島原発2号機で起きた炉心溶融《ようゆう》事故。

チェルノブイリ原発事故

一九八六年四月二六日、旧ソ連ウクライナ共和国のチェルノブイリ原発4号機で起きた原子炉暴走事故。

炉心

核燃料などがある原子炉の中心部。

格納容器

原子炉や冷却系、その他関連設備を格納する気密設備。放射能を閉じ込める「最後の砦」といわれる。

圧力抑制室

圧力抑制プール。沸騰水型原発の格納容器下部にある水を溜めたプールで、水蒸気を冷やして水に変え、原子炉圧力容器内の蒸気圧が高まるのを防ぐ。

四〇年後に廃止措置《そち》が終了するなどと、どうして言えるのでしょう。

原子炉には、本来の「循環冷却《じゅんかんれいきゃく》」と異なる「注水冷却」が行なわれています。原子炉内で核燃料が核分裂《かくぶんれつ》を起こして発生した熱を冷却水で冷やし、冷却水が蒸気となってタービンの羽根を回し発電機を動かす、その後、蒸気は海水と熱交換をして冷やされ、水に戻って再び原子炉に給水される——それが、本来の循環冷却です。

ところが電源が失われたことで炉心への給水ができなくなり、ディーゼル駆動の消火用注水ラインからひたすら注水して燃料を冷やすしかなくなりました。メルトダウンで原子炉の底が抜けているため、当初は注水すればするだけ、放射能で汚れた汚染水《おせんすい》となって増え続けていました。一部は海へと流れ込みました。そこで、汚染水を注水に使うことで増えないようにしたのが「循環注水冷却システム」ですが、汚染水の放射能をある程度除去しながら注水・回収・再注水させているのであって、本来の循環冷却ではなく、水位が回復できるわけではありません。

しかも地下水の流入によって汚染水はなお増え続けることをやめていないのです。汚染水をためたタンクなどからの漏《も》れも次々と見つかっていま

廃止措置
原子炉を廃止すること。さまざまな方式があるが、日本では解体撤去の方針とされている。→六九ページ

核分裂
原子核が二つ（まれに三つ）に分裂する反応。

チェルノブイリ原発事故

電源
電力の供給源。

す。

事故の始まりも見えません。いったん事故が起こってしまうと、どんなふうに事故が起きたのかを教える証拠も失われます。強い放射線に阻《はば》まれて調査すらままなりません。事故の発端《ほったん》も経過も、説明できていないことだらけです。

原発震災

事故の原因としては、津波の大きさが強調されています。津波のために非常用のディーゼル発電機まで止まり、すべての電源が失われて原子炉の冷却ができなくなったというのです。しかし、津波原因説にはさまざまな疑問が投げかけられています。津波の前に、地震によっていくつもの重要な機器が同時に損傷したことは間違いないでしょう。

さらに余震《よしん》が、なお続いています。比較的小規模な余震でも、本震で傷ついた機器や配管が、あるいは事故対策のために新たに設置された機器や配管が大きく壊れる危険性を否定できません。

いずれにせよ福島原発事故は、原発災害と地震災害が複合して被害を拡

つくられた「想定外」

日本ではこれ以上大きな地震は起こらないだろうということを想定し、建設されているのですよ。マグニチュード8〜8・5くらいの巨大地震のほかに、直下地震が発生しても、原子力発電所は耐えられるのです。……外部電源喪失は日本では心配ないと思いますね。原子力発電所には、五〇万ボルト等の超高圧の送電線がありますし、日本の超高圧送電線の信頼性は非常に高いので、停電というのは考えられません。……

それから、日本の非常用ディーゼル発電機の性能は、たいへん優秀なのですよ。（内田秀雄＝東京大学名誉教授―資源エネルギー庁『もし地震がきたら』、一九九四年）

大した世界初の「原発震災」です。二〇〇七年七月一六日に起きた新潟県中越沖地震で、「原発震災」は顔をのぞかせました。しかし、その教訓を真剣に学ばなかったことから、本格的な「原発震災」となってしまったのです。

地震と津波が事故を引き起こし、拡大し、収拾《しゅうしゅう》を妨害しました。原発事故からの避難も、より困難となります。他方、放射能が放出されたことで地震・津波の被災者の救援、行方不明者の捜索、ライフラインの復旧、震災廃棄物の処理などを妨げます。複合災害の恐ろしさです。

電気新聞記者の見方

日本で原子力発電所は絶対壊れない、メルトダウンしない、だから安全だと言われてきた。自分も一〇年以上そういうものを書き続けて発信してきたから、自分がこれまで生きてきた証しというか、人生は何だったんだろうとがくぜんとした。

放射性物質が漏れた場合の対応や燃料が溶けた場合にどんなことが起きるのかは誰も、専門家ですらも考えていなかった。（山田明彦―二〇一一年一二月一九日付電気新聞）

事故が起きた場合、高線量の中で復旧するという想定を誰もしていなかった。（濱健一郎―同右）

Q3 福島事故による放射能被害について、どう考えたらよいでしょうか？

放射能の被害については、さまざまな考え方があるようです。まっとうな不安が「風評」を生むとして抑え込まれることで、いっそう不安になります。

「確率的影響」のやっかいさ

事故の被害は、時間が経てば経つほど、「風化」が進めば進むほど、深刻さの度を増します。被曝の不安を抱え、それにどう対処《たいしょ》するかで悩み続け、悩むことに疲れ、経済的な負担、まわりの人々との関係等々を抱え込んで生きる心の被害です。善意さえもが、苦しみをより大きくします。がんを罹患《りかん》したりすることだけが放射能被害ではないのです。

その上、放射能・放射線に対する見解は、科学者・有識者の間でも分かれています。見解が分かれている理由自体は、そう難しいことではありません。放射能が出す放射線による被曝の健康影響には、「確定的影響」と「確率的影響」の二種類があります。確定的影響は、文字通り被曝量に応じて確定的に症状があらわれるもので、多く被曝すればするほど重い症状になります。脱毛、発熱、嘔吐《おうと》、下痢《げり》、意識障害などを起こし、最悪の場合は、急性の脳死あるいは感染症などにより数カ月のうちに死亡します。この確定的影響については、ほぼ見解の相違はありません。

一方の確率的影響は、多く被曝すればするほど発病の確率が高くなるというもので、がんなどさまざまな病気になります。被曝してから長年月が経って発症するケースも多く、因果関係の推定はできても証明はできません。どれだけの被曝をすれば、どんな病気をどれくらい発症するかについて、研究結果や調査データは数多くあるのですが、あるレベルより低い線量では影響は出ない、いや、むしろ低い線量の被曝のほうが線量あたりの発症率は高くなる、と大きくかけ離れています。

統計学的に意味のある結論を導くには少なくとも何十万人という調査対象者が必要となり、しかも人体実験はできないので、限られた条件のもとでの研究調査となるからです。そこで、異なった結論が導き出され、見解が分かれることとなります。そこで、意図的に危険性が小さいと主張する結論を導こうとする動きがあるのです。

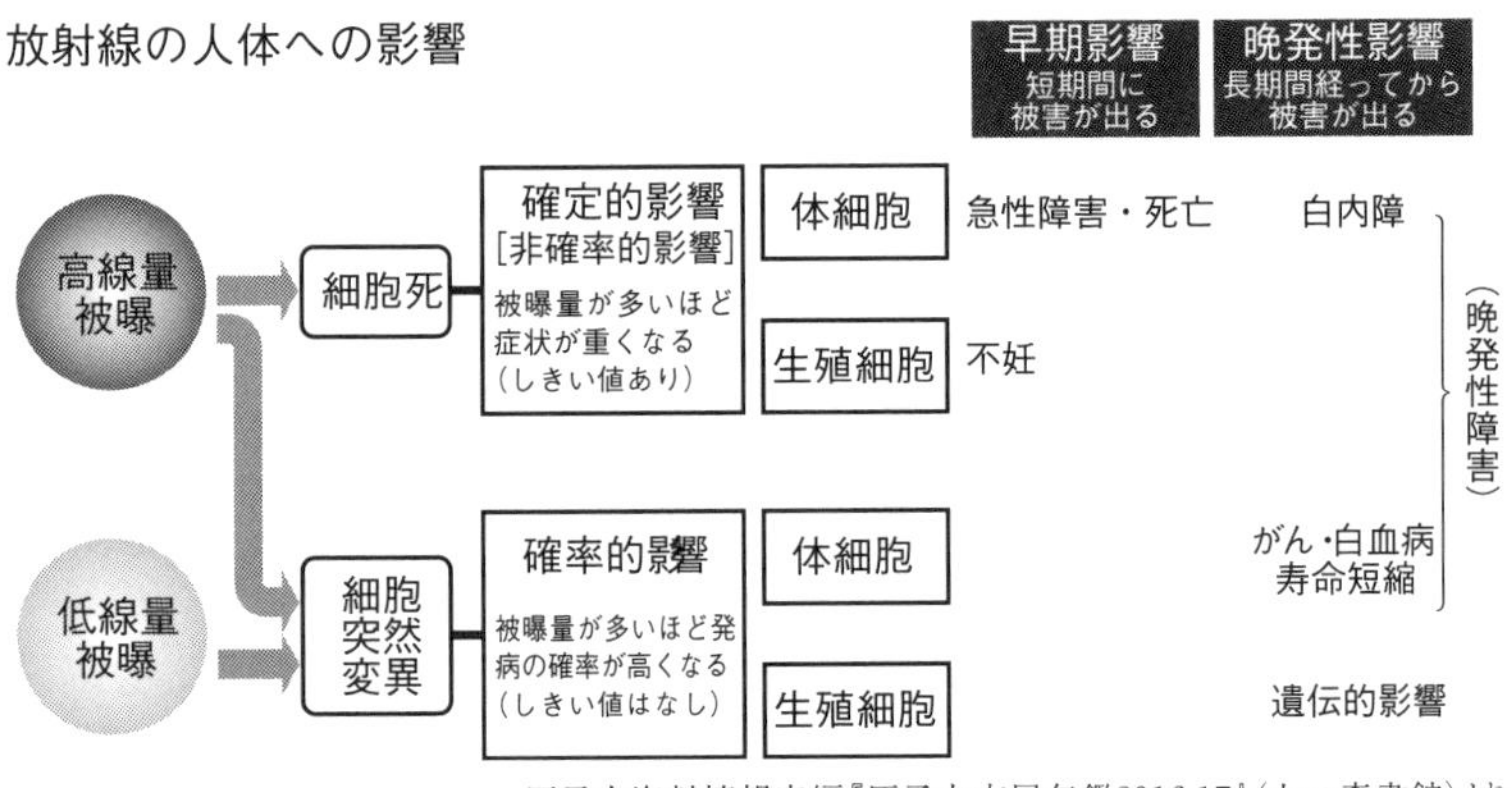

原子力資料情報室編『原子力市民年鑑2016-17』（七つ森書館）より

一〇〇ミリシーベルトを超えた場合のリスクは明確ですが、それ以下の被曝影響については「よくわかっていない」というのが、もっともらしい言い方でしょう。そのもっともらしさを悪用して、わかっていることまでわからないことにして心配しなくてよいとする考えが、盛んに流布《るふ》されています。それでも、広島・長崎の原爆被爆者の健康影響などわかっている限りのことから考えて「一〇〇ミリシーベルト以下なら安全」と言えないのは確かです。

一〇〇ミリシーベルトだろうが、二〇ミリシーベルト、あるいは一ミリシーベルトだろうが、それ以下なら安全という被曝レベルは存在しません。リスクを考慮するなら、被曝限度は低ければ低いほどよいのです。

「がまん量」でがまんできるか

しかし残念ながら、被曝の値をゼロにはできません。事故前から、自然放射線もあれば、核実験などによる汚染もあって、もともとゼロではありません。どこかでがまんするしかないのですが、事故による被曝は、原発さえなければ避けられたはずのものです。その「がまん量」を国が勝手に

低線量放射線は体にいい

低線量の放射線は「むしろ健康にいい」と主張する研究者もいる。説得力があると思う。（加納時男＝東京電力顧問・元副社長、元参議院議員—二〇一一年五月五日付朝日新聞）

笑う門には

放射線の影響は、実はニコニコ笑ってる人には来ません。クヨクヨしてる人に来ます。これは明確な動物実験でわかっています。（山下俊一＝長崎大学大学院薬学総合研究科長—福島市での講演、二〇一一年三月二一日）

がまん量

許容量のこと。武谷三男によって言いかえられた。

決めるのはおかしいでしょう。避難の基準、食品の基準、災害廃棄物などの基準のどれを取っても、納得のいくものではありません。そこで国に対し、がまんせざるをえない側の考えがきちんと反映されるべきだと訴えていくことになります。

さらに理不尽なのは、いずれにせよ決められた「がまん量」以下の放射能レベルについては、一人ひとりが自ら判断するよう強いられることです。いつになったら判断しなくてよい時期を迎えられるのかも、わかりません。どう考えてよいかわからないことが、考えることの放棄につながってしまう。判断をし続けるのは苦行です。さらに、考えること自体を「風評」の元だと非難することまで行なわれています。

それが、放射能災害なのです。経済的・社会的にではなく私たち自身の暮らしを基準に、自身の考えで合理的に被曝を減らしていく以外の道はありません。そして、大量の被曝をした可能性のある福島や近県各地の人びとが健康不安と経済的困難と差別に苦しむことのないよう、法の整備と確実な実施を求めていく必要があります。

毎度ばかばかしい

曽野綾子＝作家：ほうれん草からヨウ素が出たときも、ある人が「五年後に症状が出るなら、そのころは八五歳だからちょうどいい」なんて言っている人がいました。

渡辺昇一＝上智大学名誉教授：養老院で使うとかね。

曽野：かえって元気になるかもしれません（笑）。

（『WiLL』二〇一一年六月号）

風評

根拠のない噂。実被害にもかかわらず風評被害と呼ばれるものが多い。

Q4 世界中で、なぜ原発事故はなくならないのですか？

スリーマイル島原発、チェルノブイリ原発、福島第一原発と、大事故が後を絶ちません。小さくても、死傷者を生んだ事故、大事故になりかけた事故もあります。

繰り返される事故

これまで世界各地で、実にさまざまな原子力・核・放射線事故が起きています。『原子力・核・放射線事故の世界史』（七つ森書館）という本で、その総ざらいをしてみました。「実にさまざま」というところに注目していただきたいと思います。あらゆる体制の国で、あらゆる種類の施設で、あらゆるタイプの事故がすさまじい数で起きているのです。老朽化した施設では当然ですが、動き出したばかりの施設でも、事故は起こります。それが、原子力・核・放射線事故です。

確かに、防げたはずの事故も、実際に防げた事故も数多くあります。また、人間の失敗で起きた事故もあれば、人間の働きで事故の発生や拡大

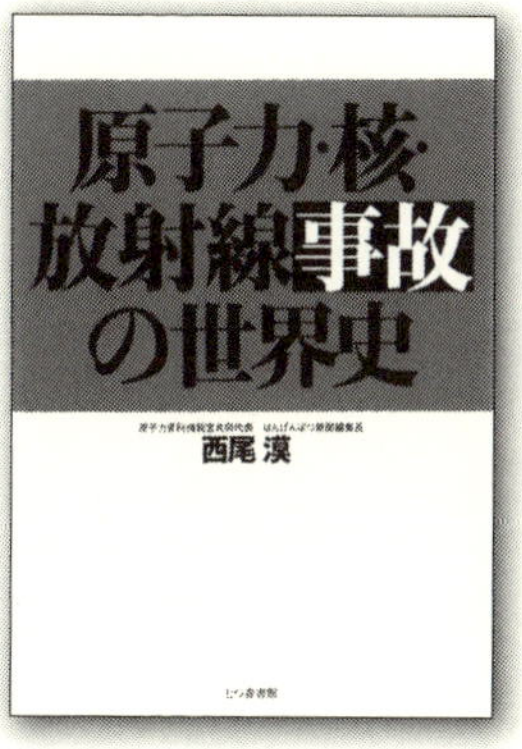

『原子力・核・放射線事故の世界史』
西尾漠著、七つ森書館

を食い止めた例も無数にあります。その上で、やはりこれからも、同様の、あるいはまったく別の形の事故が起こるのを避け続けることはできないでしょう。原発がある限り、チェルノブイリ原発事故よりも福島原発事故よりも、さらに破滅的な事故が、いつ起きてもおかしくないのです。

原発のシステムは複雑で、主な系統だけで数十に及び、ポンプが数百台、電動機が千数百台、計器類は約一万、弁類は数万に達します。いつ、どこで事故が発生しても、ふしぎではありません。

一九九九年九月三〇日、日本で初めて住民が避難を強いられる事故が、茨城県東海村のJCO核燃料加工工場で起きました。事故後の二〇〇一年三月に当時の原子力安全委員会がまとめた二〇〇〇年版の『原子力安全白書』は、「事故が繰り返され、同じような教訓と対策がその度に議論されるのはなぜかを考えることは、個別の事故の教訓を活かすこととともに、将来の事故の発生を防止していく上で重要である」と指摘しました。しかし、その後も事故は続き、「同じような教訓と対策」の議論が繰り返されたのです。そしてとうとう福島原発事故が起きてしまいました。「同じような教訓と対策」の議論が、またも繰り返されています。

JCO核燃料加工工場事故
一九九九年九月三〇日、茨城県東海村にある核燃料加工会社ジェー・シー・オー（JCO）で発生した臨界事故。

原子力安全委員会
一九七八年に原子力委員会から分離、発足した委員会。福島事故後、原子力規制委員会に置き換えられた。

事故はまだまだ起こる

このままでは事故はまだまだ起こるというのは、決して反原発派の脅しではありません。最大の問題は、原子力安全委員会の指摘にもかかわらず、「原子力ムラ」と呼ばれる原子力関係者の意識が変わっていないことでしょう。形ばかりの反省と「同じような教訓と対策」の議論が繰り返されるのは、そのためです。日本原子力学会会員の意識動向調査の結果でも、「二〇一一年一月調査では、原子力発電を利用すべき九五・五％、廃止すべき二・四％と、ほとんどの者が原子力利用を肯定していた。事故後の二〇一二年一月調査では、原子力発電を利用すべきが八五・四％と一〇％ほど減少したが、二〇一三年には九二・〇％と事故前の水準に戻りつつあった」（土田昭司―『日本原子力学会誌』二〇一四年四月号）といいます。多くの学会員は福島事故後も事故を脅威《きょうい》とは感じていないようなのです。

福島原発事故にしても、地震や津波への対策、事故時の機器の適切な使用によって、メルトダウンは、あるいは防げたかもしれません。それを防げなかったことに、東京電力や規制機関の責任があります。そして、防げ

原子力ムラ

原子力を巡る利権によって結ばれた社会的集団。

日本原子力学会

学界・産業界の原子力関係者による学会。

設計を超える事故に責任なし

DBA〔設計基準事故〕を上回る事故がかりに起これば、それは計画・設計条件としては考えていない事故であり、いわば台風災害における天災の類であって、当事者にとって計画・設計上は免責とされる事故であると考えられてよいと思う。（内田秀雄＝東京大学工学部教授―『原子力工業』一九七三年九月号）

なかった背景に、右に見た原子力ムラの意識があります。

福島原発事故を防げたかもしれないというのは、残念ながら、原発自体は安全だということではありません。現に防げませんでしたし、仮に一〇〇％誤りのない運転管理ができたとしても、やはり事故は避けられないでしょう。それが原発です。

津波から守るとして、浜岡では海抜二二メートル、女川《おながわ》では二九メートルと防潮堤《ぼうちょうてい》の高さを競い合っていますが、そんなおぞましい対策で、もともと建ててはいけなかった場所に建ててはいけないものが建っていてよいとする考えこそが誤りではないでしょうか。

95年以降の日本の主な原子力事故

日付	名称	レベル	状況
95. 1.30.	島根原発2号機	レベル1	スクラム排出容器水位の異常高で原子炉自動停止。
95.10.24	東海原発	レベル1	制御棒駆動用ロープが切れ、制御棒1本が炉内に挿入。原子炉手動停止。
95.12. 8.	高速増殖原型炉もんじゅ	レベル1	2次系のナトリウムが漏れ、火災発生。
97. 3.11.	東海再処理施設	レベル3	低レベル廃棄物のアスファルト固化施設で火災・爆発。環境中に放射能放出。
97.10.24.	敦賀原発1号機	レベル1	制御棒1本の動作不良が見つかり、原子炉手動停止。制御棒に膨張や亀裂。
97.12.5	福島第二原発1号機	レベル1	制御棒1本の動作不良が見つかり、原子炉手動停止。制御棒に膨張や亀裂。
99.7.12	敦賀原発2号機	レベル1	再生熱交換器から大量の1次冷却水漏れ。原子炉手動停止。
99.9.30	ジェー・シー・オー	レベル4	ウラン精製工程で臨界事故。被爆者多数。2名が死亡。
01.11.7	浜岡原発1号機	レベル1	余熱除去系配管が爆裂。原子炉手動停止。
04.8.9	美浜原発3号機	レベル1	復水管が破断、熱蒸気噴出で5名が死亡、6名が重火傷。原子炉自動停止。
11.3.11	福島第一原発1～3号機	レベル7	メルトダウン、水素爆発。4号炉でも水素爆発。
13.8.19	福島第一原発	レベル3	汚染水貯水タンク（H4エリア）から汚染水が300トン漏洩

※レベルは国際評価尺度による　　原子力資料情報室編『原子力年鑑2016-17』（七つ森書館）

Q5 原発と原爆とは、まったく違うものではないのですか？

原発と原爆とはコインの裏表と言う人もいれば、まったく違うものだと言う人もいます。どちらが本当なのでしょう。原発を持つ国は潜在的核保有国なのですか。

原爆・原発一字の違い

「原爆・原発一字の違い」と、よく言われます。原子力発電は、核兵器につながる技術であり、核兵器の材料であるプルトニウムを生み出します。原発を持っている国にとって核爆弾をつくることは、さほど難しくありません。

原発も原爆も、共に燃料はウランまたはプルトニウムです。一瞬のうちに燃やす（核分裂させる）のが原爆で、ゆっくり燃やすのが原発です。違うと言えば確かに違いますが、原発の技術と関連施設があれば原爆をつくれるという意味では、やはり両者の仲は親密です。そこで、原子力発電をつづける限り、新たな核兵器国になろうという国がでてきたり、高濃縮《こうのうしゅく》ウラ

燃やす
　核分裂が熱を発生させることを言う。「燃料」と呼ぶのも同じ考えから。

ンやプルトニウムを奪って核爆弾をつくろうとする集団があらわれたりするのを防げないのです。

ウラン濃縮工場では、原発用の低濃縮ウランばかりでなく、設備は変えずに原爆用の高濃縮ウランをつくることが可能です。原発の燃料用には、核分裂しやすいウラン―235の含まれる割合を、天然のウランの〇・七パーセントから数パーセントへと高めるのですが、この濃縮の作業をなんべんもくり返すことで、九〇パーセント以上の原爆用高濃縮ウランがつくれます。

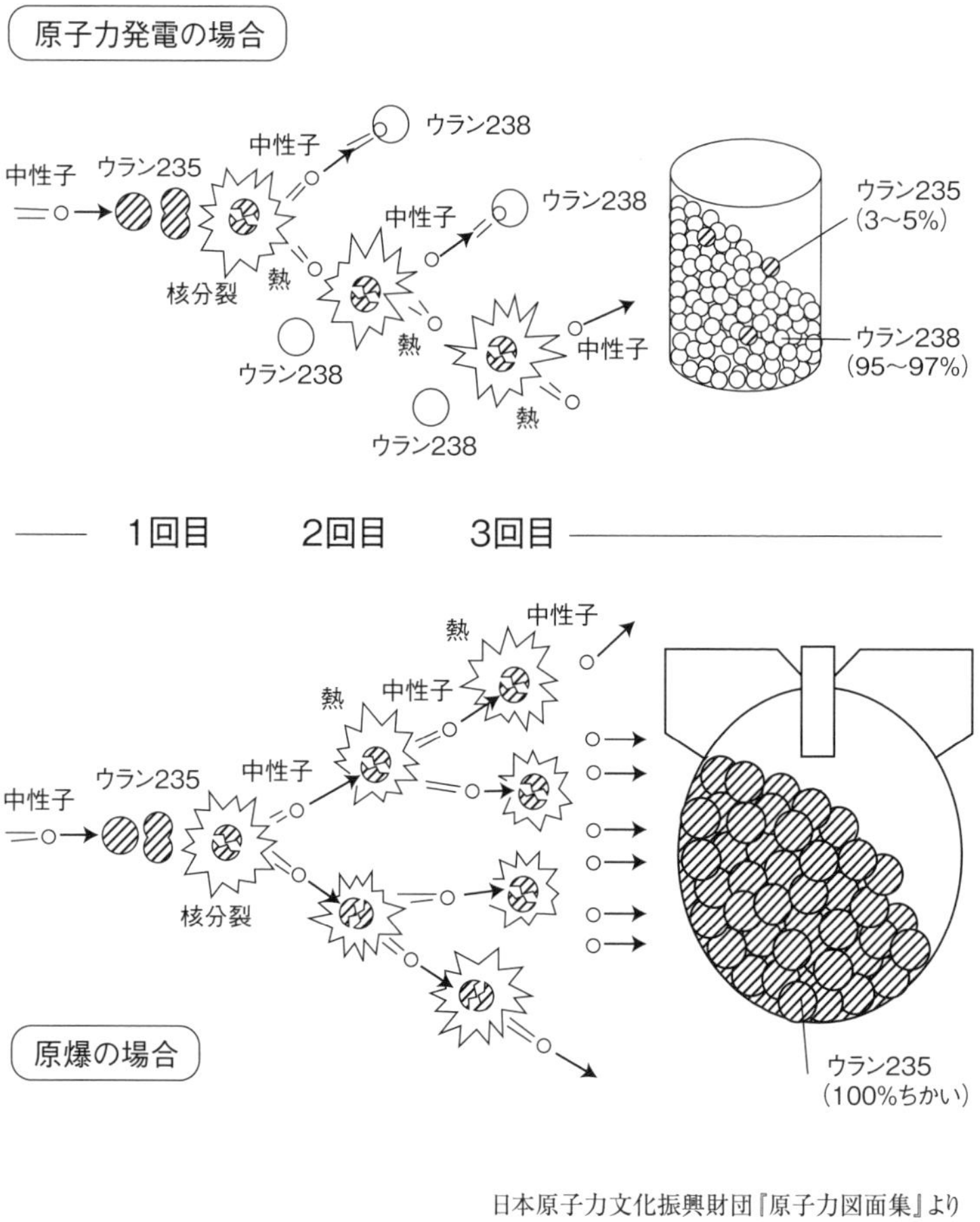

日本原子力文化振興財団『原子力図面集』より

原子炉の中では、ウラン―235が核分裂をして死の灰（核分裂生成物）に変わるとともに、核分裂しにくいウラン―238の一部がプルトニウムに変わります。プルトニウムのうち六〇〜七〇パーセントは、プルトニウム―239、同―241という核分裂しやすいプルトニウムです。この純度を高めて原爆用にすることもできますし、そのままでも原爆はつくれます。純度が低いプルトニウムでつくった原爆は威力が大きくならないと言われてきましたが、最近の技術開発でそうした「弱点」も克服されたそうです。

原子炉と、原子炉で燃やしたあとの燃料からプルトニウムを取り出す再《さい》処理施設《しょりしせつ》があれば、原爆用のプルトニウムは、たやすく手に入るわけです。

高濃縮ウランを使った原爆が広島に落とされたタイプ、プルトニウムを利用した原爆が長崎に落とされたタイプです。最近の核兵器は原爆ではなく水爆ですが、水爆の中には原爆が入っています。はじめに原爆を核分裂反応で爆発させて巨大な熱を発生させ、その熱で核融合という水爆の反応を起こさせ、さらに全体を包んだウランを核分裂させて大きく爆発させるのです。

日本は核兵器を持っていませんが、持とうと思えばすぐに持てる能力が

死の灰

核分裂生成物（核分裂で生まれた放射性物質）の俗称。もともとは核爆発により上空から灰と共に降ってくることを呼んだ言葉。

それがジョウシキ

原子力の平和利用特に原子力発電のための技術開発は、核兵器の製造のための扉を一つ一つ開いて行くと言ってよい。（矢田部厚彦＝外務省国連局科学課長―外務省政策企画委員会提出論文「『不拡散条約後』の日本の安全保障と科学技術」、一九六八年一一月二〇日）

「民生用プルトニウムで核爆弾ができないと思っているのか」と米国人にからかわれた経験があるが、もしそう述べている日本の原子力関係者がいるとしたら恥ずかしい事である。（岡芳明＝原子力委員長―『原子力

あります。

青森県の六ケ所村《ろっかしょむら》にあるウラン濃縮工場が計画通りに進んでいない現状では、一年間に原発一基分の低濃縮ウランもつくれません。それでも原爆用の高濃縮ウランなら数十発分をつくれます。

日本で運転中の原発は、廃炉《はいろ》によって福島原発事故以前より減りましたが、なお三〇〇〇万キロワットを超えています。これらの原発をすべて再稼働《かどう》させたとすれば、一年間に生み出すプルトニウムは、約六トン。七五〇発規模の原爆をつくれる量ということになります。青森県六ヶ所村に建設中の再処理工場は操業開始のめども立っていませんが、仮に動かすことができ、フル操業に入れれば一〇〇〇発分のプルトニウムを取り出せることになります。

日本は二〇一七年末現在、約四七トン、原爆六〇〇〇発分ほどのプルトニウムを保有しています。そのうち約一〇トン、一二五発分ほどが日本国内にあり、残りはフランスとイギリスで保管されています。

核物質を扱う能力も、核兵器を飛ばすロケット技術も持っています。しかも、代々の日本政府は、核の保有は憲法に違反しないと主張してきま

委員会メールマガジン』二〇一八年七月二〇日号)

原発原爆〈一字の違い どちらにしても地獄行き〉

した。ただし、政策として、核は持たないとしています。いわゆる非核三原則です。それは、当面そのほうが外交政策上において有利だからでしかありません。核を持てるけれど持たない、というのが大事な点で、核の保有能力を誇示《こじ》する必要があります。しかし、実際に核を持ってしまったら、外交上の切り札を失ってしまう――というわけです。

とはいえ、そうした考えも、核をもてあそぶことにおいて核武装論と変わりありません。そうした政策が核武装論者の温床となっています。さらに、他国の核開発をうながす役割も果たしています。

核管理社会のこわさ

核兵器への転用を防ぐという名目で社会的な自由が制限され、「核管理社会」化が進めば、国家がこっそり核をつくるにはかえって好都合となります。また、核物質の輸送に関する情報など危険の回避《かいひ》に必要な情報まで開示されないため、備えのないまま事故に遭遇《そうぐう》することにもなりかねません。原発がテロに弱いということは、事故にも地震などにも弱いことを意味します。事故や地震への備えがどうなっているかという情報は、テロ対

非核三原則
核兵器を持たず、作らず、持ち込ませずという三つの原則。歴代内閣は国是として確認しながら、法制化は拒んでいる。

潜在的核武装国の論理
当面、核兵器は保有しない措置を取るが、核兵器製造の経済的・技術的ポテンシャルは常に保持するとともにこれに対する掣肘を受けないよう配慮する。（外務省外交政策企画委員会『わが国の外交政策大綱』、一九六九年九月）

国民感情が変わったら
国民感情が変わって、日本も核兵器を持つべきだということになれば、その時はまた考えたらよい。（仙谷敬＝外務省軍縮室長―外務省政策企画委員会、一九六八年一一月二〇日）

策がどうなっているかという情報と重なる部分があるのです。だからといってこれを隠されてしまったら、ますます安全がおびやかされるのは言うまでもないことです。

核ジャック対策という名のもとに、現実には原子力施設の労働者、地域の住民、とくに原発に反対をしている人たちについて、人権侵害となる情報収集が盛んに行なわれています。原子力規制委員会では、労働者の「個人の信頼性確認」(身許調査)を企業に義務付けることを決め、具体化に向かっています。

ほんらい守られなくてはならないのは「核から人を」なのに、「人から核を」守ろうとしているのです。

核管理社会

核物質が大量に出回ることにより厳しい管理を必要とすることになる社会。

核管理社会は必然

「原子力は監理社会を作る」という反対論もあるが、原子力のような技術を使うには、そうした社会的防護の枠組が不可欠であり、それが国民的合意を得るための大前提でもある。(川上幸一＝神奈川大学教授―『原子力産業新聞』一九七九年一〇月二五日号)

Q6 労働者の被曝はどうしても避けられないものなのですか?

原子炉の中では放射能が生まれているのですが、その放射能による被曝を避けることは不可能でないように思われます。できないのでしょうか?

労働者被曝は下請《したう》けに集中

結論を先に言えば、お金をかければ被曝量をより小さくすることは可能でしょう。しかし、それでは産業として成り立たないと考えられているのだと思います。もちろん、ある程度のお金をかけることで被曝量を減らす対策は、とられています。ところが「ある程度」を超えると、お金をかけたことによる効果が金額に比例しない様相となります。そこで対策はストップしてしまうのです。

ところで、原発のなかの労働実態については、何冊もの本が書かれています。電気事業連合会の委託で行なわれた労働者のアンケート調査でさえ、「働かされている者は、ゴキブリ以下だ」といった回答がありました（行動

電気事業連合会
主要電力会社の連合体。法人格のない任意団体だが、強い力を持っている。

するシンク・タンク推進グループ『原子力発電所からの〝声〟』一九八〇年)。

福島事故を経た今、事故処理が行なわれている福島第一原発と、再稼働《さいかどう》した原発、再稼働していない原発では、かなり状況に違いがあるのですが、事故前には全国の原発で、一年間に五万〜六万人くらいの人が働いていました。そのうち電力会社の社員は五千人ほど。原子炉メーカーや部品メーカーの社員も何千人かいますが、大多数は、下請けの人たち(より正確には、元請け-中請け-下請け-孫請け-ひ孫請けと、何重にも差別があります)です。

原発の中には、数分間しか仕事ができないほど強い放射線を浴びるところがあります。そんな危険なところでの仕事は、下請けの人たちがします。日本各地で被曝した人たちのデータが毎年発表されますが、その九五パーセント以上が電力会社の社員でない人の被曝です。大部分が下請けの人たちの被曝だということは、間違いないでしょう。

現代科学技術の最先端のように思われている原発のなかで、労働者が床にはいつくばり、狭いタンクの中に体をよじって入り込み、床にこぼれた放射性廃液をチリトリですくってバケツに入れ、ボロ布でこすって放射能汚染を取り除くといった作業に従事しているのです。

しかも、その下請けの人たちのなかには、一つの原発での点検や修理が終わったらまた次へ、と何ヵ所もの原発をわたり歩く人が、おおぜいいました。放射線被曝の管理をしている放射線従事者中央登録センターのデータによれば、年間に四ヵ所とか五ヵ所の原発をわたり歩く人の平均被曝量は、一ヵ所だけで働く人の四〜五倍です。

そんなむりをして働いて白血病《はっけつびょう》などの病気になっても、この人たちには何の補償もなく、最近になってやっと二〇人ほどが、それもたいがいは死んだ後で、労働災害として認められただけです。労働災害として認められたというのは、それだけたくさんの被曝をしていたからです。

原発で働く人が一年間にそれ以上浴びてはいけないと法令で定められた被曝量は、一般の人について定められた一ミリシーベルト（シーベルトは被曝量の単位）に対して、五〇ミリシーベルト。以前は一般の人は五ミリシーベルトでしたが、被曝の危険性がかつて考えられていたより大きいことがわかって、一九八九年四月に五分の一に下げられました。しかし働く人に対する基準は、同じように下げると働く人がよけいに必要になるので、変更されなかったのです。二〇〇一年四月からは五年間の平均で二〇ミリシ

放射線従事者中央登録センター

財団法人放射線影響協会に属し、原子力事業で働く労働者の放射線被曝線量を登録・管理している機関。

「計画被曝」は、「事故被曝」に非ず

計画に従ってその計画被ばく限度以内の被曝をした場合、これを計画被曝と呼んでおります。……異常な事態を収束するためにそこへ行ってというのは、この計画被曝限度の範囲内で、これは言うなれば覚悟の上で、知っていて被曝するということでございます。（佐藤一男＝原子力安全委員長―衆議院科学技術委員会、一九九九年一一月一〇日）

ーベルトという基準が加わり、少し厳しくなりましたが、一年間で五〇ミリシーベルト近くを浴びさせた上でクビにしてもよいわけですから、実態は変わりません。お金をもらっているからというだけで、一般の人の二〇倍も五〇倍もの被曝をさせてよいとは、おかしな話です。

そしてさらに、緊急時の被曝限度については、一般的な緊急時では従来通り一〇〇ミリシーベルトなのに、公衆の大量被曝を防ぐ緊急時には、前もって参加の意思を表明し、必要な訓練を受けた者に限定するとしながら二五〇ミリシーベルトとする基準が新たにつくられました。福島原発事故では、六人が二五〇ミリシーベルトを超え、最大は六七八ミリシーベルトでした。

原発だけでなく、ウランの鉱山や原発で燃やしたあとの燃料の再処理工場などでも、おおぜいの人たちが放射線を浴びながら働いています。この人たちの被曝なくして、原発は動かないのです。

福島原発事故後の労働者被曝

原発労働者の総被曝線量《ひばくせんりょう》の推移を、福島第一原発とそれ以外の一六

原発被曝労働者の労災認定状況

認定年	白血病	骨髄腫	リンパ腫	甲状腺がん	うつ病	急性放射線症
1991	1					
1994	2					
1999	1					3（JCO）
2000	1					
2004		1				
2008			1			
2010		1	1			
2011	1		1			
2012			1			
2013			1			
2015	1					
2016	1			1	1	
2017	1					

原発計とに分けてグラフにしてみました。

二〇一〇年度末に、福島第一原発事故は起きました。同年度の日数の五%ほどでしかない三月の二〇日分によって、被曝線量は突出《とっしゅつ》しました。とりわけ東京電力社員の突出度が、この年については大きいことがわかります（二五〇ミリシーベルト超の六人はすべて東電社員）。一二年度以降は、東電社員分は一貫して減少しており、一四年度以降は九五%以上が「協力会社」、すなわち下請けの労働者の被曝です。

もちろん被曝低減の対策も進められていますが、今後の被曝量は、むしろ増大することが懸念《けねん》されます。

他方、福島第一原発を除く一六原発計のグラフで一二年度以降の線量が顕著に減っているのは、名目は定期検査中でも実際には作業が行なわれていないからです。再稼働によって実質的な定期検査が行なわれた原発では、前年度より増えました。

二〇ミリシーベルトという「帰還規準」

Q1で、「年間二〇ミリシーベルトというきわめて高い線量を基準に、

被曝低減もコスト見合い

線量の高いところに人が近寄らなくてはならない仕事がある場合、作業員の被ばくを許容するのか、あるいは時間とお金をかけてでも違うやり方でやるべきなのか、どちらのやり方がよいかを見極める必要がある。

（増田尚宏＝東京電力福島第一廃炉推進カンパニー・プレジデント兼廃炉・汚染水対策最高責任者─二〇一七年三月一〇日付電気新聞）

労働者総被曝線量の推移

単位：ミリシーベルト

商業用原発計			福島第一原発			福島第一を除く16原発計		
年度	社員	その他	年度	社員	その他	年度	社員	その他
2003	3.8	92.6	2003	0.97	21.66	2003	2.83	70.94
2004	3.12	74.74	2004	0.69	20.36	2004	2.43	54.38
2005	3.12	63.76	2005	0.76	14.73	2005	2.36	49.03
2006	3.28	64.14	2006	0.9	16.6	2006	2.38	47.54
2007	3.11	75.06	2007	0.78	15.3	2007	2.33	59.76
2008	3.03	81	2008	0.75	14.05	2008	2.28	66.95
2009	3.13	78.95	2009	0.85	14	2009	2.28	64.95
2010	56.02	122.73	2010	53.66	59.14	2010	2.36	63.59
2011	33.53	192.41	2011	32.01	145.54	2011	1.52	46.87
2012	7.91	82.24	2012	7.3	71.51	2012	0.61	10.73
2013	5.95	81.96	2013	5.48	71.95	2013	0.47	10.01
2014	4.19	110.55	2014	3.88	100.69	2014	0.31	9.86
2015	3.44	84.2	2015	3.14	74.52	2015	0.3	9.68
2016	2.36	51.13	2016	2.13	43.78	2016	0.23	7.35

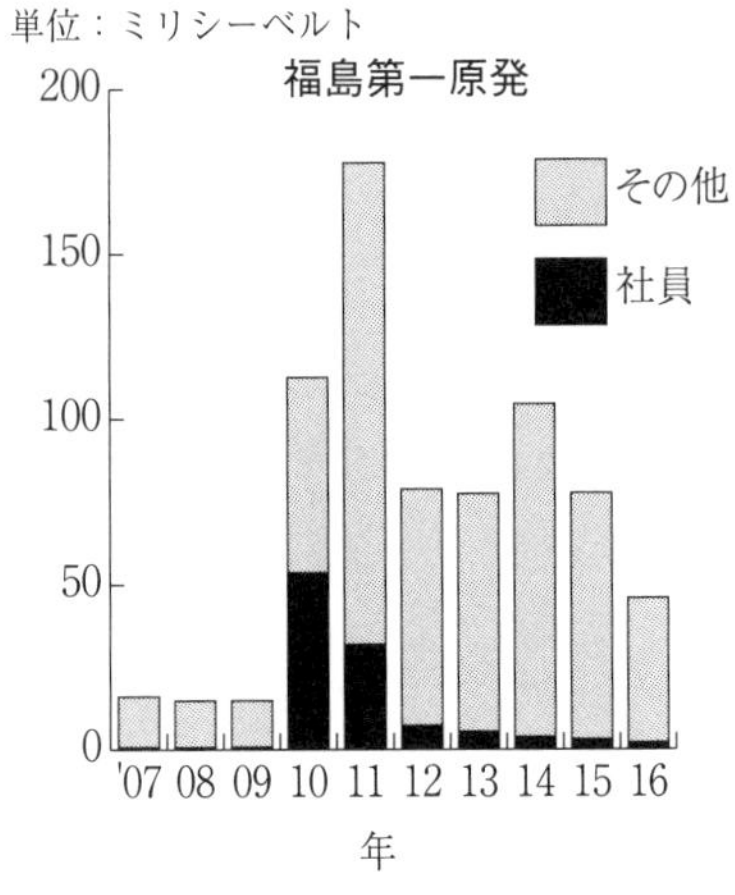

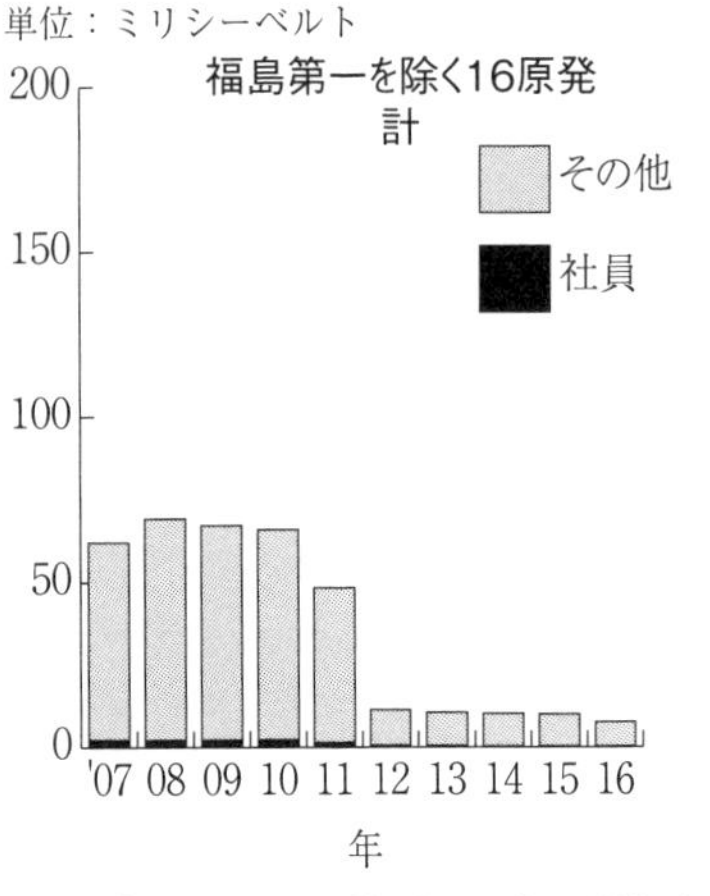

『はんげんぱつ新聞』2017年11月号より

次々と避難指示区域の指示解除が進められています」と述べました。労働者被曝の二〇ミリシーベルトと同じ値を適用していると驚きますが、しかし、労働者被曝の二〇ミリシーベルトは、そうした上限を設けることで労働者全体の平均被曝線量を一ミリシーンベルト台に抑えることとしています。平均で比べると「帰還規準」の二〇ミリシーベルトで暮らすほうが高い被曝になりそうです。

プロブレムQ&A

Ⅱ 放射能のごみ

Q7 放射性廃棄物がなぜ問題なのですか?

放射能のごみ（放射性廃棄物）は将来の世代への「負の遺産」と呼ばれたりします。どこが問題なのでしょう。そもそも放射能のごみとはどんなものですか。

放射性廃棄物とは

放射性廃棄物とは、文字どおり放射性の廃棄物です。放射能（放射性物質）そのもの、放射能をふくむもの、放射能で汚染されたものがあります。

放射性廃棄物の特徴は、種々雑多で、それぞれ異なった問題点を抱えていること、対処の仕方も違ってくることです。数百年から数万年以上にわたって放射能毒性を持ち続けるものも多く、将来の世代への大きな負の遺産《いさん》となります。

放射性廃棄物は、その放射能の大小で、高レベル、中レベル、低レベルなどと分けることができます。

しかし、必ずしも各国でこのように分類されているわけではなく、各レ

気楽でいいね

電気出力一〇〇万kwの発電所で一年間に発生する低レベル放射性廃棄物はドラム缶数百本で、しかもこれは数百年を経ずして自然物として扱ってさしつかえないものになる。また、長期間にわたり発熱量が高いのでそのことを踏まえた管理・処分を行なう必要のある高レベル放射性廃棄物がガラス固化体で毎年約五トン発生するが、これは、われわれの足下の地殻が放射性物質を含んでいて問題が生じていないのだから、適切に地下の深部に処分すれば、われわ

放射性廃棄物の分類例

- 放射能レベルによる分類（日本の場合）
  - 高レベル放射性廃棄物
  - 放射能濃度の高い低レベル放射性廃棄物（高ベータ・ガンマ廃棄物）
  - 低レベル放射性廃棄物
  - 極低レベル放射性廃棄物
  - 放射性廃棄物として扱う必要のない廃棄物（クリアランス対象廃棄物）
  - 放射性廃棄物でない廃棄物
- 形状による分類
  - 気体廃棄物
  - 液体廃棄物
  - 固体廃棄物
- 操業状態による分類
  - 運転廃棄物
  - 解体廃棄物
- 放射能寿命による分類
  - 長寿命廃棄物
  - 短寿命廃棄物
- 発生源による分類
  - 発電所廃棄物
  - サイクル廃棄物
  - 研究施設等廃棄物
- 放射線の種類による分類
  - ベータ・ガンマ廃棄物
  - アルファ廃棄物
- 発熱による分類
  - 発熱性廃棄物
  - 非発熱性廃棄物
- 放射能の種類による分類
  - ウラン廃棄物
  - TRU廃棄物
- 処分方式による分類
  - 管理型処分を行なう廃棄物
  - 隔離型処分を行なう廃棄物

れの子孫の生活する放射線環境に有意な変化をもたらさないようにできるはずである。（近藤駿介＝東京大学教授、総合エネルギー調査会原子力部会部会長―『科学』二〇〇〇年三月号）

ベルの区分値となる放射能の濃度《のうど》も、国によってまちまちです。日本では、一般的に、原子炉で燃やされて「死の灰」のたまった核燃料＝使用済み燃料を再処理したあとに残る廃液と、その廃液を耐熱《たいねつ》ガラスと混ぜてステンレスの容器に固めこんだ「ガラス固化体」だけを、高レベル放射性廃棄物と呼んでいます。それ以外は、すべて低レベル放射性廃棄物です。それも、一般的な呼び名であって、日本の法令では、高レベル放射性廃棄物や低レベル放射性廃棄物といった言葉は、使われていません。高レベル放射性廃棄物のガラス固化体のことは、法律上は「第一種特定放射性廃棄物」と呼びます。

事故が生んだ放射能ごみ

ほんらい放射能のごみは、「管理区域」と呼ばれる放射線レベルの高い区域で発生するものでした。

東京電力福島第一原発では、原子炉建屋やタービン建屋の中の一部が管理区域です。ところが、事故によって大量の放射能が放出されると、建屋内全体はもとより、敷地内、さらに原発が立地する地域、福島県内、そし

特定放射性廃棄物

法令上の名称。高レベル放射性廃棄物のガラス固化体を第一種特定放射性廃棄物、地層処分対象の超ウラン廃棄物（→六八ページ）を第二種特定放射性廃棄物としている。

て東日本の各都県にまで高い放射線レベルに汚染された場所が広がってしまいます。そこで発生する廃棄物が、すべて放射能のごみとなってしまったのです。

敷地の外では、汚染地域の災害廃棄物が放射能のごみとなってしまいました。汚染地域での人々の暮らしから生まれる生活廃棄物も、放射能のごみとなります。

従来の法律で想定していなかった放射能のごみに対処するために二〇一一年八月、「放射性物質汚染対処特別措置法」が公布され、「放射性物質及びこれによって汚染されたものを除く」とされていた一般廃棄物や産業廃棄物に、特例として「事故由来放射性物質で汚染されたもの」が仲間入りをしました。

放射能災害は、解決できない、あるいは解決することが困難な、さまざまな問題を噴出させます。その代表が、放射能のごみです。

ごみがごみを生む核燃料サイクル

原発を運転すると、使用済み燃料というごみが生まれるから、再処理工

がれき処理・除染はこれでよいのか
熊本一規、辻 芳徳共著、緑風出版

場がつくられます。再処理をして燃え残りのウランとプルトニウムを取り出しますが、後述するようにこれらは使いみちがなく、けっきょくはごみとなります。ウランとプルトニウムを取り出した残りが、高レベル放射性廃棄物です。

プルトニウムというごみを生み出すから、そのごみを燃やすための燃料加工工場などが必要になります。原発の運転にともなって、またそのために必要な核燃料サイクルにともなって、大量の放射能のごみが生まれますから、その処理施設が必要になります。そして、原発も、核燃料サイクルの諸施設も、廃棄物処理施設も、やがてそれ自身が巨大な放射能のごみのかたまりとなります。

まさにごみがごみを生む原子力開発と言えないでしょうか。しかもそのごみは、消すことも捨てることもできないごみなのです。捨てた放射能は、そのまま環境中に残るのですから。そして、そのはじめから終わりまで、国内外の多くの人々の犠牲を必然とするごみです。

なお、世界的には再処理をせず、使用済み燃料をそのまま高レベル放射性廃棄物とするほうが主流です。

核燃料サイクルと放射性廃棄物発生量

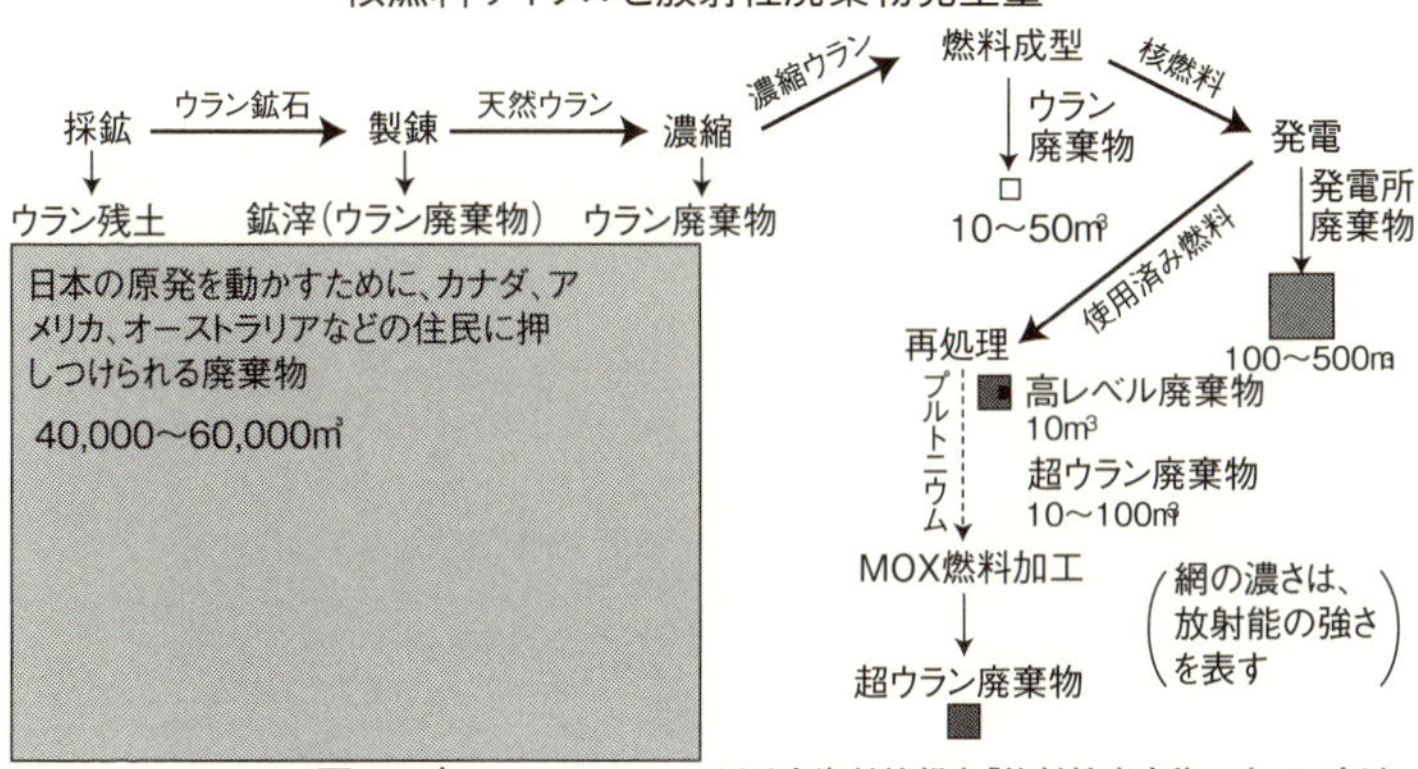

原子力資料情報室『放射性廃棄物のすべて』より

私たちにできることは

すでにある放射能のごみと、ごみのままで終わってほしい核兵器と、ごみになるしかない核・原子力施設だけでも、ものすごい量の放射性廃棄物を、否応なく子孫に残さざるをえないのです。これ以上、それを増やすことは、子孫に対する犯罪行為と言わざるをえないでしょう。

とすれば、せめて私たちにできることは、Ｑ１で述べたように、その量を増やさないこと、少しでも安全な管理の方法を用意すること、そして、将来の世代が原子力にも化石燃料にも依存せずに豊かな生活ができるような社会のしくみをつくることではないでしょうか。

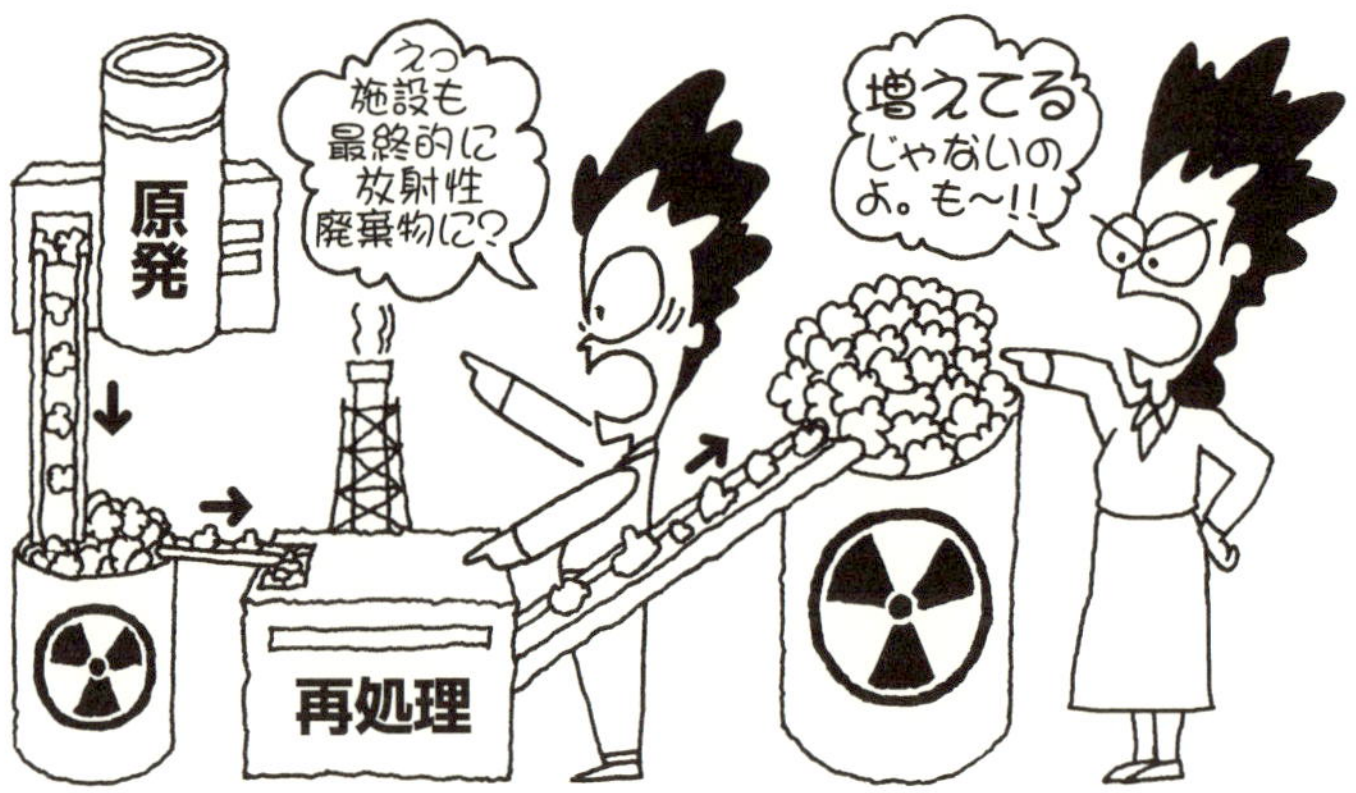

Q8 低レベルの廃棄物なら、心配することもないのではありませんか?

放射能のごみと一口に言っても、なかには低いレベルのものがあるとのこと。レベルが低いものまで危険視しなくてもよいのでは。

低レベル廃棄物の中身

低レベル放射性廃棄物は、原発からも、他の原子力関連施設からも、発生します。原発で生まれる低レベル放射性廃棄物には、核燃料から漏れてきた死の灰や、原子炉内の鉄さびに放射線が当たって生まれた放射能などがふくまれています。実際には、低レベル廃棄物のなかに、他の国でなら中レベル廃棄物に区分されるものもあります。

そのため、最近になって「放射能濃度の高い低レベル廃棄物」などという奇妙《きみょう》な言葉まで生み出されました。原子炉内の機器などの廃棄物が、これに該当《がいとう》します。一方、低レベル廃棄物の一部を「極《ごく》低レベル廃棄物」として新たに区分したり、さらに「放射性廃棄物として扱う必要のない廃棄物」として産業廃棄物と同じように捨てたり再利用をしたり、ということもはじまっています。これらは、主に、廃止された原子炉＝廃炉の解体から大量に発生する放射性廃棄物です。

低レベル放射性廃棄物と言ってもそれは高レベルと比較してのことで、中味は決して低レベルではありません。低レベル廃棄物のドラム缶からは、抱きついて数分もすれば一般の人が一年間にそれ以上浴びてはいけないと法令に定められた量に達するほど強い放射線が出ています。

廃棄物の中にはいろいろな放射能が含まれています。量と毒性の多い順にいくつかの例を挙げると、アメリシウム—241、コバルト—60、ストロンチウム—90、ニッケル—63、セシウム—137、水素—3（トリチウム）、炭素—14、ヨウ素—129などがドラム缶の中に入っています。これらの放射能の半減期《はんげんき》をみると、肝臓や骨に集まるコバルト—60は約五年、甲状腺に溜まるヨウ素—129では一六〇〇万年です。骨に蓄積《ちくせき》し大きなダメージを与えるストロンチウム—90は二九年、筋肉に広がるセシウム—137は三〇年です。非常に長いあいだ放射能の毒性が続きます。ドラム缶はいずれ壊れて、中の放射能が環境に漏れてでてくることが確実です。

トリチウム
三重水素。放射性の水素。→一二六ページ

半減期
放射性の原子核が放射線を出して半分に減るまでの時間。半減期の倍の時間で四分の一、一〇倍で約一〇〇〇分の一、二〇倍で約一〇〇万分の一に減る。

放射能毒性
体内に入った放射性物資が与える悪影響。

段階的埋め捨て

原発で発生した固体の低レベル廃棄物は、まずは原発の敷地内で保管され、その後、青森県六ヶ所村の「低レベル放射性廃棄物埋設《まいせつ》センター」へ運ばれて処分されることとされています。埋設センターでは、コンクリート・ピットと呼ばれる浅い地中の施設（図参照）にドラム缶を埋設し、埋設後三〇〇年のあいだ段階的に管理していくことになっています。といっても、実際には管理らしい管理をするのは、最初の「貯蔵」の段階だけ。要するに埋め捨て以外のなにものでもありません。

さすがに、埋めてすぐは「捨てた」ことにはしません。とりあえずは「貯蔵」です。地下につくったコンクリート製のピットの中にドラム缶を積み、ドラム缶やコンクリート・ピットがいたんだら修復します。ただし、ドラム缶を積んだ隙間《すきま》をモルタルで固めてピットに蓋《ふた》をした埋設完了後では、たとえ放射能が漏れ出たとしても処置されることはありません。そうして貯蔵していくうちに、放射能のレベルがじょじょに下がるから、それに応じて、少しずつ管理をゆるめていけばよい―というのです。

ピット
穴、枡、溝などを言う。ここでは、廃棄物を納める大きな枡状の構築物。

埋設センターの図（1号埋設施設）

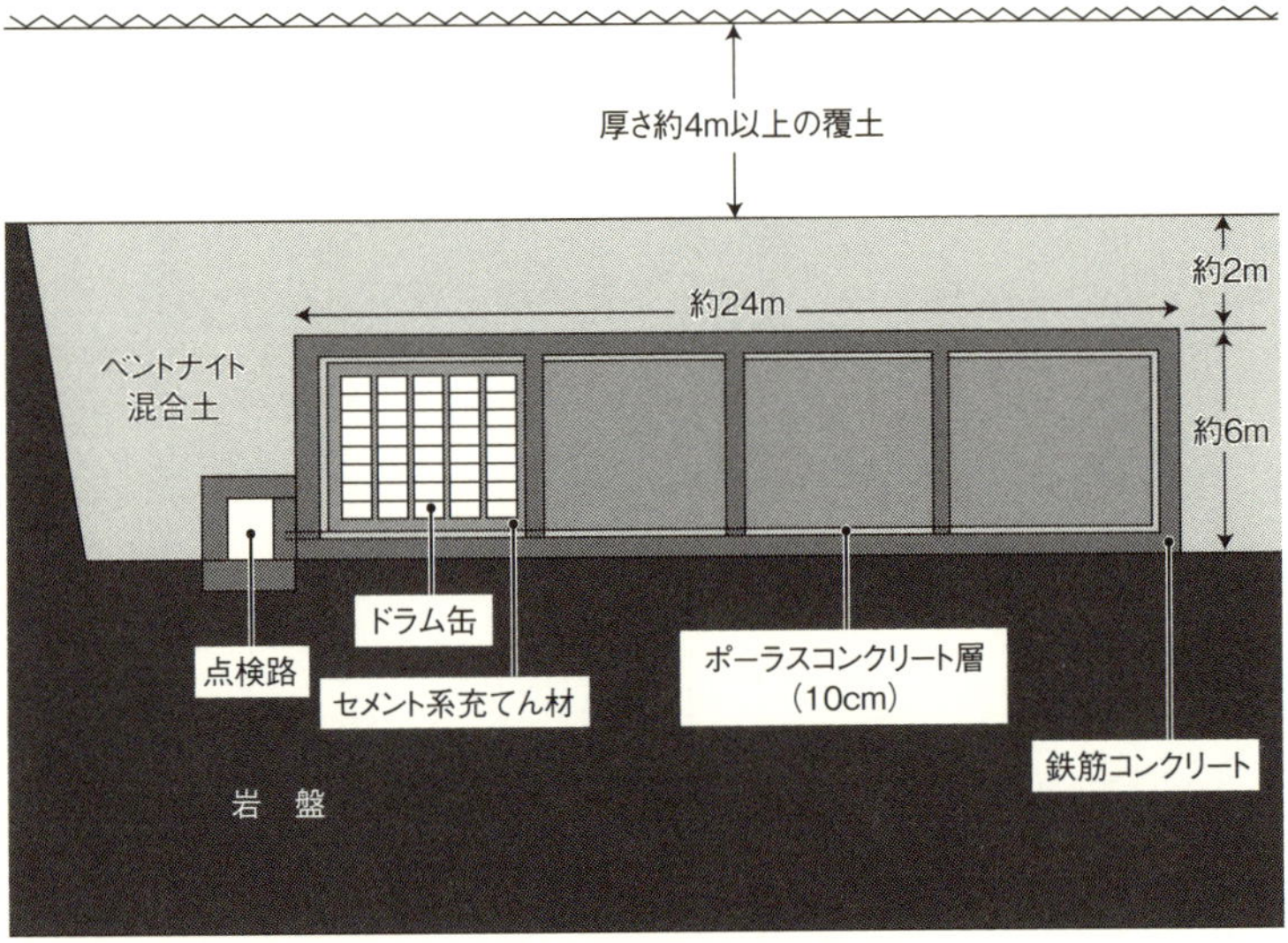

低レベル廃棄物埋設センターでの「段階的処分」の考え方

段階	時　期	地下水監　視	漏水対策	埋設地点　検	埋設地巡　視	立入り制　限	地表掘削禁止	沢水利用禁止
Ⅰ	埋設開始～完了	○	○	○	○	○	○	○
Ⅱ	埋設完了後30年間	○	△	○	○	○	○	○
Ⅲ	埋設完了から300年後まで				○		△	○

注）○…実施、△…部分実施：第Ⅱでの漏水対策は、修理まではしない。

事業許可申請書より作成
原子力資料情報室『放射性廃棄物のすべて』より

管理しないので安心を？

埋設した低レベル放射性廃棄物については大きく三段階に分けて管理し、だいたい最終段階まで、約三〇〇年間監視し、それから後は制度的な管理からはずし、一般的な土地とみなすこととしています。ここで注意していただきたいことは、三〇〇年と聞いただけで「そんなに長期間にわたって人間社会は管理できるのか」と疑問に思われるかもしれませんが、三〇〇年の実質がはじめの第一段階（約一五年）と第二段階（約三〇年）の、計四五～五〇年にあることを理解していただきたいのです。

（下川純一＝大阪大学講師・元日本原子力研究所東海研究所燃料工学部長―原子力発電技術機構『エネメイト・クラブ』第一五号）

第一に埋設完了までの貯蔵の段階。つづいて、ドラム缶やコンクリート・ピットから放射能が漏れても、一般の人がそこに近づかないようにすればよい三〇年間の第二段階。次に、ドラム缶を掘り出したりしないなら、一般の人が近づいてよい三〇〇年後までの第三段階があって、最終的には、そのまま捨てたことにしてしまいます。

一般の人が近づいてよい段階になると、放射能漏れの監視もやめてしまいます。土地は誰かに売ってもよいことになるので、児童公園やりんご園にすることができる、と悪い冗談まで本気で言われています。

沢の水を飲んだりしないようパトロールだけはするというのですが、売ってしまって他人の土地になったなかをパトロールして歩くというのでしょうか。

捨てられない廃棄物を捨てるために考えだされた苦肉《くにく》の策が、この「段階的埋め捨て」です。そのことは、埋設センターに運び込まれているドラム缶よりもずっと放射能レベルの低い医療用などからの放射性廃棄物が捨てられないのに、原発の放射性廃棄物は捨てられることがよく示しています。はじめから捨てると言うと、放射能レベルが比較的低くても、きらわ

医療用などからの放射性廃棄物
放射性医薬品関連廃棄物、廃止された放射線照射機器、工業用計測器など。

れて捨てられません。はじめは貯蔵と言い、段階的にきちんと管理するのだと強調することで捨てることができる、というしくみです。

「埋設センター」も、建設の申し入れのころには「貯蔵センター」と言っていました。それが、でき上がったら「埋設センター」に変わっていました。

実際は、はじめから捨てるなんてとてもできないくらい放射能が強いのです。だんだんと放射能が減っていって、最後にやっと捨てたことにできるときでも、ドラム缶一本あたり、一般の人が一年間にそれ以上体の中に入れてはいけないと法令に定められた量の一〇万倍もの放射能が、まだ残っています。

「低レベル」という呼び名に反して、決して低い放射能レベルでないことがわかります。「低レベル」という言葉は、もっともっとはるかに強い放射能の「高レベル」廃棄物とくらべれば低い、というだけの意味なのです。

ちょっと下品ですが

この間も福島ですかへ行って、トイレと言われるものの汚物にほおずりしてきましたが、それほど汚いものではありませんが、いずれにしても汚いものと言われているものをいつまでも原子力発電所の中に保管し、しかも、それを敷地の大部分に埋めて、もう廃棄物の中に原子力発電所が埋まっているようなことをしておいて政府が何もしないでいたとしたら、これは国民の皆さんからおしかりをこうむるだろうし、ましてや国際的に大笑いに笑われるであろう、こう思います。（中川一郎＝科学技術庁長官—参議院科学技術振興対策特別委員会、一九八〇年一〇月一七日）

Q9 高レベル廃棄物も、地下深く埋めれば安心なのではありませんか？

：

高レベル廃棄物の正体

さて、高レベル放射性廃棄物です。まず、高レベル廃棄物とは何かから見るとします。ひとことで言うなら、それは、原子力発電によって生み出された死の灰です。原子炉のなかで、核燃料のウラン―235に中性子がぶつかると、ウランの原子核が分裂して二つの別の元素に分かれます。この、新しく生まれた元素や、その元素が放射能を出しながら変わって生まれるさまざまな元素が核分裂生成物、俗《ぞく》に言う「死の灰」です。

核燃料を燃やしたあとの使用済み燃料には、死の灰がたまっているほか、まだ燃え残りのウラン―235があります。燃料の大部分は「燃えにくいウラン」であるウラン―238で、ほとんどはそのまま残っていますが、一部

中性子
原子核をつくっている、電気をもたない粒子。

原子核
原子の中心。陽子と中性子でできている。

は、中性子を吸収してプルトニウムという別の元素に変わっています。

そこで、日本などの「再処理国」では、使用済み燃料を再処理して、燃え残りのウランとプルトニウムを取り出して再利用するとしています。あとに残った死の灰が高レベル放射性廃棄物です。

もっとも、この高レベル廃棄物には、死の灰以外のものがふくまれていないわけではありません。ウランとプルトニウムを分けて取り出すといっても完全には分けられないので、ウランやプルトニウムも混入しています。ネプツニウムやキュリウムなど、中性子の吸収で生まれた「超ウラン元素」もあります。これらの元素は、寿命がきわめて長く、放射能毒性の強いものが多くあります。

工程内の機器の鉄さびに中性子が当たってできる放射性のニッケルやクロムなども、ふくまれます。放射能ばかりでなく、再処理の工程で使われた薬材や有機溶媒なども混じっています。

高レベル廃棄物はひとことで言えば死の灰―とは乱暴な言い方で、実は、一つひとつ寿命も化学的性質も違う種々雑多なごみのかたまりと訂正をしておくべきでしょうか。数百年後には、死の灰から超ウラン元素へと、高

気楽でいいねパート2

高レベル廃棄物は、地層処分が最も適切で、プルトニウムやその他の超ウラン元素を取り除けば、放射能の毒性は一万年も経てば、天然ウラン鉱石並みのレベルになる勘定だ。地球四三億年の歴史を考えれば短い時間ともいえる。（石川迪夫・北海道大学教授＝当時・前日本原子力研究所東海研究所副所長―原子力発電技術機構広報企画室『原子力ニューズレター』一九九三年一一月号）

超ウラン元素

原子番号九二のウランよりも大きな原子番号をもつ元素。プルトニウムも超ウラン元素だが、ここでは、プルトニウム以外のものを言う。

レベル廃棄物のなかの放射能の主役も交代します。

地層処分という考え

できたての高レベル放射性廃棄物のガラス固化体一本には、セシウム―137という放射能で比べて、広島原発で放出された量の一〇〇倍ほどの放射能がふくまれると言われています。放射線の強さはとほうもないものになり、すぐそばに一分間立っていると浴びる放射線被曝の量は、およそ二〇〇シーベルト。それがどれくらいの被曝かというと、二〇〇〇年版の『原子力安全白書』には「一五シーベルト以上で神経系の損傷による死、一〇〇シーベルト以上で急性中枢性ショック死」と書かれていました。つまり、長くても三〇秒間そばに立っているだけで、確実に命を落とすことになるのです。

この高レベル廃棄物を、三〇年から五〇年の間貯蔵して、放射能の量が少し減り、熱も半分くらいになるのを待って地下の深いところに埋め捨てようというのが、政府や電力会社などの考えです。これを「地層処分《ちそうしょぶん》」あるいは「深地層処分《しんちそうしょぶん》」と呼びます。

深い地層に処分したあとは、あてにならない後の世代に管理を頼らなく

実物の威力に感動!

はじめてガラス固化体を見たのは一〇年程前、フランスのコジェマだったが、同行の冷静な専門家が「ああ、これが固化体なのか!」と、興奮して頬ずりせんばかりに顔を近づけ、表面をなでていたのを思い出す。それを見ていた私は私で、「この興奮が実物の威力なのか!」と感動したものだ。(上坂冬子＝作家・評論家―二〇〇四年三月二三日付電気新聞)

元々の考えでは

〔地層処分は〕ちょう密な人口、狭あいな国土、複雑な地質構造、地震などの多い環境条件などからわが国においてはその実施が困難と考えられる。(原子力委員会廃棄物処理専門部会中間報告、一九六二年四月)

ガラス固化体の横に立つ人物
(本当なら即死している)

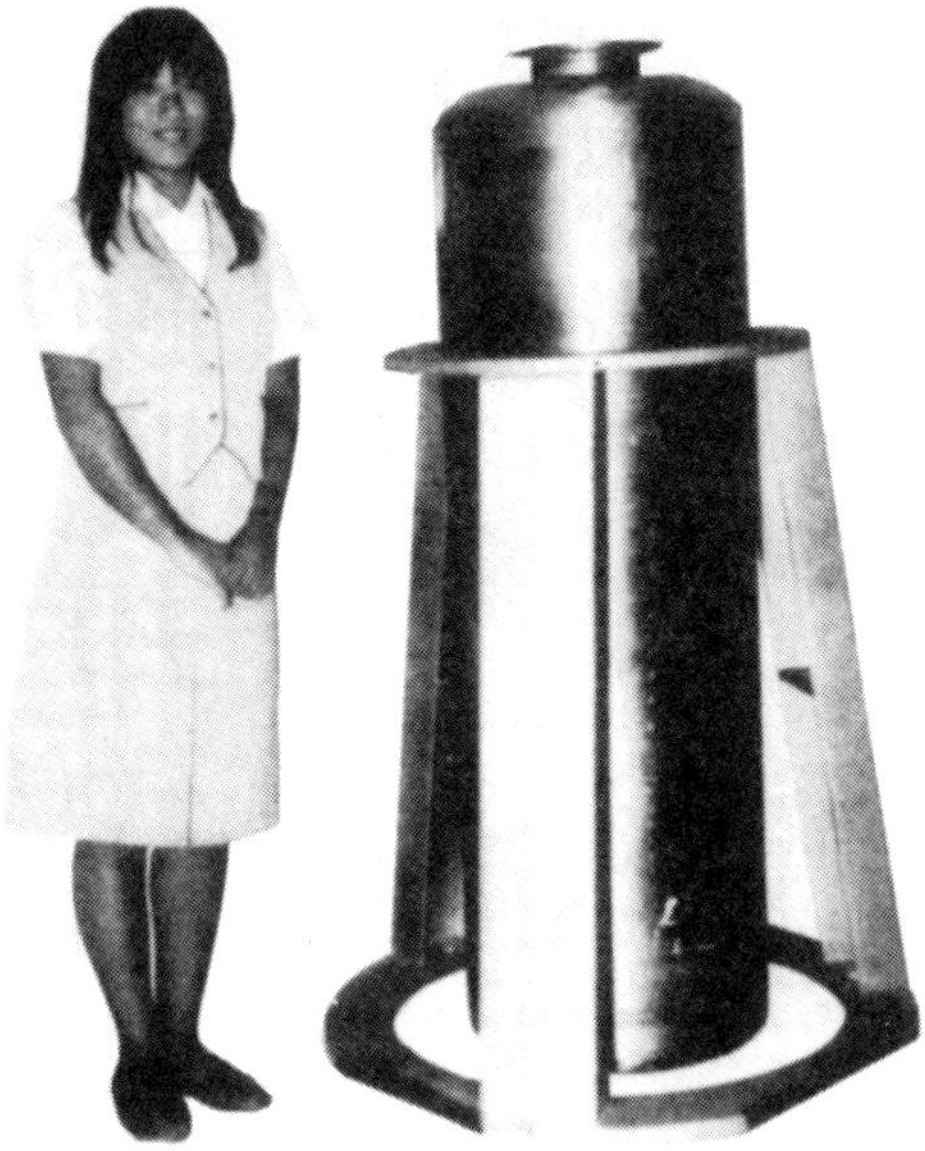

動力炉・核燃料開発事業団『ガラス固体化について』より

高レベル放射能性廃棄物の地層処分の概念図

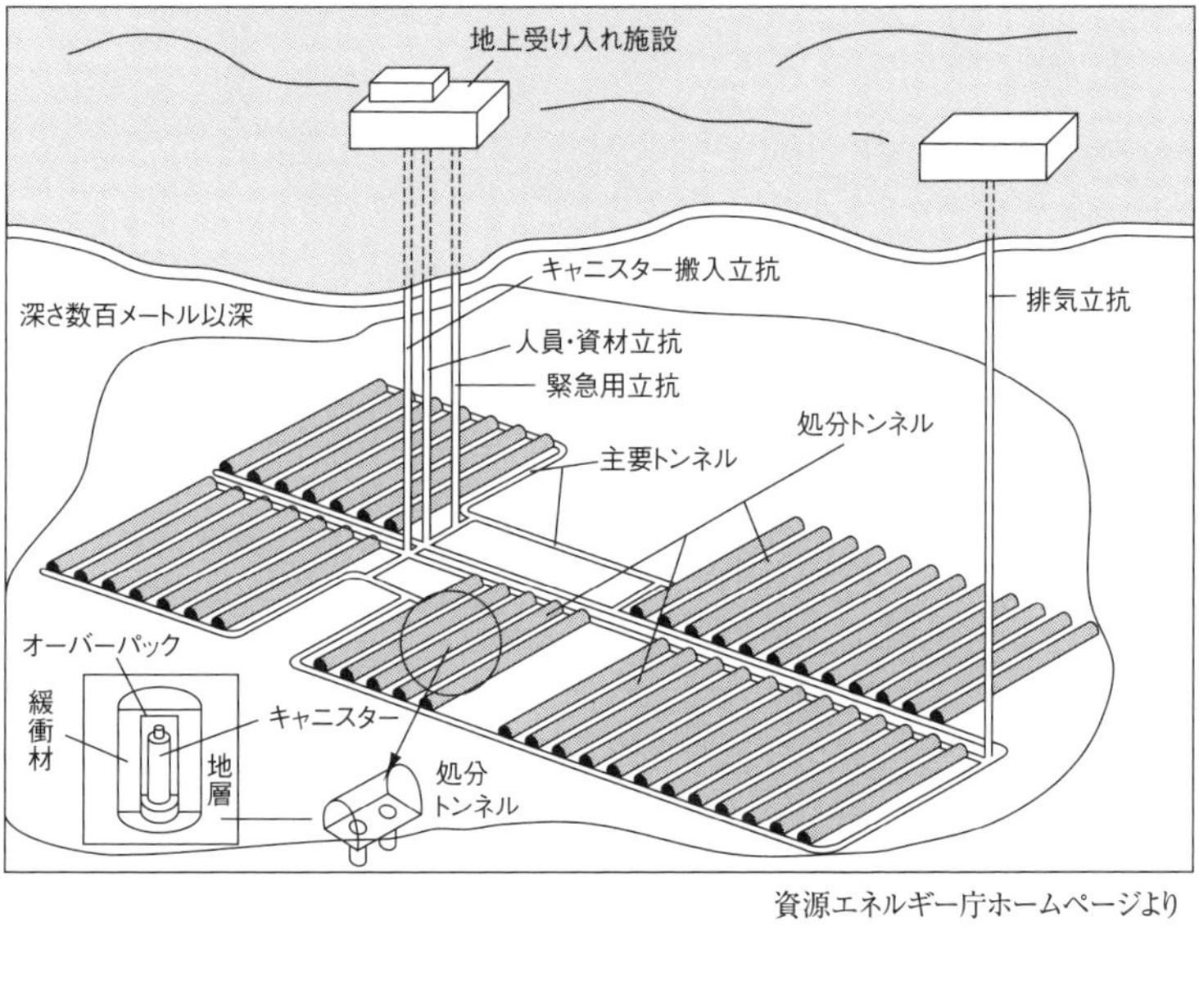

資源エネルギー庁ホームページより

てよいとか、後の世代に負担を残さないことで現世代の責任をまっとうできるとかいうのが、地層処分の推進論です。ガラス固化体を深い地層のなかに埋め捨てれば、超長期の管理をしなくともよいというのです。どんなにがんじょうな施設をつくっても、何万年ものあいだの管理が必要なのですから、人間のつくるものでそれだけのあいだこわれないような施設はありえない、とも言われています。

自然にならまかせられるか

でも、人間や人間のつくったものは信用できないから自然にまかせるというのは、どうでしょうか。自然だって、いや自然だからこそ、人間のつくった高レベル廃棄物をおとなしく抱いていてはくれないでしょう。実際には、後世代にまったく負担を残さないなどということはありえないのです。地層処分が安全に実施できることは実証されておらず、処分推進の立場に立つ研究者から見てさえ不確定要素がきわめて大きいものです。

地下に埋めてしまえば、掘り出す人はいないという保証もありません。埋めたところに大きな看板《かんばん》を立てておけばよい、いや、未来の人には看板に書かれていることがわからず、かえって注意をひきつけて掘り返されてしまうかもしれない――といった議論が、原子力の国際機関で大マジメに議論されているのです。ちなみに、「一番いいのは良い和紙に墨で書いて、神社を建てて奉納《ほうのう》しておくことだ」という笑い話もあるそうです（川上泰「原研における放射性廃棄物に関する研究の現状」―『エネルギーいんふぉめいしょん』一九九六年一一月号）。

貯蔵をつづけるほうが堅実

「後世代に負担を残さない」と地層処分を急ぎ、あとになって大きな自然災害や事故に見舞われたり、その回避のために高レベル放射性廃棄物の回収が必要になったりしたら、環境汚染や労働者の被曝、膨大《ぼうだい》な費用など、かえって莫大《ばくだい》な負担を強いることになります。

また、地層処分は、後の世代が別の処分法を採用しようとしても、それを著しく困難にします。「負担を残さない」ことに固執《こしつ》するのでなく、少しでも負担を小さくすることを考えるべきではないでしょうか。

地上にせよ浅い地下にせよ、初めから管理・回収が容易な形で貯蔵をつづけるほうが、けっきょく負担は小さく、堅実です。「長期管理をつづけていて、自然災害や戦争、航空機の墜落などが起きたら安全が確保できない」と主張する人は、地上にある原発や核燃料サイクル施設の危険性をどう考えているのでしょう。短い期間中だからその間に起こる確率は低いといっても、将来起こりうることは明日にでも起こりうるのです。

ごり押しされる地層処分

しかし、政府や電力会社などは、あくまで地層処分に固執し、その安全性は確保できると主張しています。

そうした考えのもとに二〇〇〇年五月三一日、「特定放射性廃棄物の最終処分に関する法律」(高レベル廃棄物処分法)が成立してしまいました。九月二九日、同法にもとづいて政府は、基本方針と最終処分計画を閣議決定しました。一〇月一八日には処分実施主体として「原子力発電環境整備機構」の設立が認可されて業務を開始、一一月一日に資金管理主体として「原子力環境整備促進・資金管理センター」が指定されています。二〇〇二年一二月には、候補地の公募《こうぼ》が始まりました。

原子力発電環境整備機構
高レベル放射性廃棄物と超ウラン廃棄物の地層処分実施主体。英語の略称のNUMO(にゅーも)の名のほうがよく知られている。

原子力環境整備促進・資金管理センター
放射性廃棄物の処分を推進する財団法人。高レベル放射性廃棄物処分の資金管理を行なう機関として指定されたため、旧名称の原子力環境整備センターから改称。

Q10 「科学的特性マップ」の公表で、処分場探しはすすむのでしょうか?

地層処分場の「適地マップ」が公表されました。これによって処分場の立地場所は決まってくるのですか? その地域の住民の意見は反映されますか?

「科学的特性マップ」

青森県六ヶ所村に初めてフランスからガラス固化体が運び込まれたのは一九九五年のことです。管理期間は三〇~五〇年という地元との約束では、どんなに遅くても二〇四五年までに最終処分場への搬出《はんしゅつ》が終わっていなくてはなりません。仮にいますぐ候補地を決めて調査に入ったとしても、とうてい間に合うとは考えられないでしょう。

文献調査に入れる地点が当初もくろみの五地点どころか一地点も決まらないことに業《ごう》を煮《に》やした政府は二〇〇七年一月五日、文献調査時の交付金の単年度交付限度額を二・一億円から一〇億円にと大幅増額。さらに九月一二日、国から市町村に申し入れ、市町村長が受諾《じゅだく》すれば文献調査に入れる道もつくることを総合資源エネルギー調査会原子力部会の小委員会で決めました。

そして二〇一三年一二月一七日、最終処分に関する閣僚会議を開き、国が科学的見地から「適地」を絞《しぼ》りこむことにしました。「適地」を日本地図の上に色分けした「科学的特性マップ」が一七年七月二八日、閣僚会議の確認を経て公表されました。

「適地」とされることへの反発に配慮した結果、わかりにくい表現にされていますが、「好ましい特性が確認できる可能性が相対的に高い」とされているのが「適地」で、その中でも「輸送面でも好ましい」とされているところが、より適性が高いということになります。

科学的見地なるものの不確かさは指摘するまでもありませんが、それを根拠《こんきょ》に国からの働きかけが強まると危惧《きぐ》されます。「適地」なのですから、文献調査にも概要《がいよう》調査にも合格するのは確実です。そうでなければ「適地」としたことが間違いだとなってしまいます。そして精密調査にまで進むところができれば、やはり合格は確実です。「適地」であろうとなかろうと、いまさら新たな候補地を選び直すなどということをするはずはない

総合資源エネルギー調査会

経済産業大臣の諮問機関。日本のエネルギー政策は、この調査会の下部の各委員会で決まる。

文献調査・概要調査

処分場選定のための調査。概要調査ではボーリング調査・地質調査などが行なわれる。次の精密調査に進むと、地下施設を設けての調査となる。

経産相の科学的知見

最終処分地は国民の方々が思っているような危険なものではなく、極めて安定的なもの。……ものすごく大変なものが来るというイメージには科学的根拠がない。（甘利明＝経済産業大臣―二〇〇七年一月二九日付電気新聞）

からです。

そんな「科学的特性マップ」に関するＮＵＭＯ主催の「意見交換会」が二〇一七年一〇月から、福島を除く全都道府県を対象に始まりました。ところがその「意見交換会」に若者を参加させるため、学生に謝礼を出して集めていたことが明らかになります。一一月六日の埼玉会場で、「一万円もらって参加した。お金が出なければ、こんなところに来ない」との発言があって発覚したものです。ここに問題の本質がよく表われています。

今後は、「輸送面でも好ましい」地域を中心にＮＵＭＯが文献調査の受け入れを働きかけるという形になりそうです。しかし、実は文献調査なら、受け入れがなくても誰でもどこでも自由にできることです。受け入れられて初めて閲覧《えつらん》できる極秘《ごくひ》の文献があるわけもないでしょう。それをわざわざ受け入れさせるのは、調査が目的ではないからです。調査を名目に地元に交付金を出し（調査に二年もかかるとして総額二〇億円）、地元有力者らに堂々と接触し、調査結果として「好ましい」と発表することこそが目的なのです。

そのような進め方をしている限り、高レベル放射性廃棄物の後始末に

高レベル放射性廃棄物の最終処分施設建設地の選定プロセス

概要調査
地区公募
↓
文献調査
↓
概要調査地区選定:数地点
↓
概要調査
↓
精密調査地区選定:2地点
↓
精密調査
↓
最終処分施設建設地選定:1地点
↓
最終処分開始（約1,000本／年 計40,000本以上）

通商産業省告示「特定放射性廃棄物の最終処分に関する計画」(2000年10月2日)より

「国民の関心や理解」が深まり、問題解決に向かっていくことは望めません。誰もが本気で考えるべき問題だからこそ、本質に立ち返った議論が必要だと思います。

なお、高レベル放射性廃棄物の処分場には、TRU廃棄物も合わせて（といっても、相互に影響を与えないよう間隔をあけてですが）処分できることとされています。TRU廃棄物とは、TRU＝超ウラン元素をふくむ廃棄物で、他にTRUと同じく半減期が長いヨウ素－129などもふくまれます。高レベル放射性廃棄物もTRU廃棄物も、深い地層に処分する考えは同じなので、いっしょに捨てたらよいという乱暴な考え方です。

国に責任—？

国のエネルギー政策で原子力をやっているのだから、廃棄物も国が全責任を持ってほしい。（荒木浩＝電気事業連合会会長・東京電力社長—一九九八年一月二三日記者会見）

国民に責任—？

五〇年代に中曽根氏が原子力予算をつけて以来、原子力を推進し続けた。国民も推進の立場を取る自民党政権を選んできた。民主主義のルールとして、国民が原子力利用を選んだという事実を踏まえなければならないし、［高レベル廃棄物の］処分事業も原子力を選択した国民の責任として進めなければならない。（長崎晋也＝東京大学大学院教授—二〇〇七年六月二九日付電気新聞）

Q11 使わなくなった原発を解体するのは難しいことですか？

廃炉となった原発は、一定の管理期間の後に解体撤去をするというのが、日本政府や電力会社の考えです。そこにはどんな問題があるのでしょうか。

墓場は残るか

「原発の墓場《はかば》」という言葉があります。もう運転ができなくなって閉鎖された原子炉を廃炉《はいろ》と呼びますが、その廃炉が何基も、荒れ果てて誰も人のいなくなった土地に建っている、ぶきみな姿を想像しての言葉です。じっさい、廃炉のあと始末としては、燃料などを取り出したまま、あるいは燃料などを取り出したあとをコンクリートやアスファルトで密封して、放置するというのが世界の主流です。

しかし日本の原発については、外側の建物まですべてをばらばらに解体してなくしてしまう方針で、解体撤去方式と言われます。墓場は残らないわけです。その代わり、何十万トンもの廃棄物が残ります。ばらばらに

夢一杯の廃炉の世界

管理の厳しい原子力の世界の中で、廃炉には技術者が夢を追える、人間らしい領域が残っているのである。……工事から排出される廃棄物についても、厄介な放射性廃棄物と毛嫌いするか、まだ利用方法の決まっていない有効資材と考えるか、気持ちの持ち方次第で取り組む姿勢も変ってくる。……廃炉の世界には夢がある。（石川迪夫＝原子力発電技術機構顧問—『RANDECニュース』第三五号）

されたコンクリートや鉄材などばかりでなく、解体する作業のために新しく発生する廃棄物もあります。たとえば、放射線レベルの高いところは遠隔操作《えんかくそうさ》で作業をするしかありませんから、そのための機器が必要になり、それらの機器がまた放射性廃棄物となるわけです。強い放射能を持った鉄材などは、解体のためのプールをつくって水の中で切断したりしますから、そのプールや水も放射性廃棄物となります。

放射性廃棄物のゆくえ

廃炉の後には、大量の廃棄物が残ることになります。そのごく一部は、青森県六ヶ所村の埋設センターに持ち込めないほど放射能レベルの高い「放射能濃度の高い低レベル放射性廃棄物」です。いや、これもけっきょくは六ヶ所村に、より深いところに埋めるという言いわけで持ち込まれようとしています。ただし、原子力規制委員会に二〇一四年一一月、「廃炉等に伴う放射性廃棄物の規制に関する検討チーム」が設置され、規制基準などを作成中のため、電気事業連合会の八木誠会長は、この基準ができた後に処分場探しを本格化させると言い、一五年三月の定例記者会見で、処

やっぱり頭が痛い

原子力発電所を壊すのはいいけれども、その壊したあと放射能の残ったものを一体どこに持っていくのだといわれますと、これは詰ってしまうわけでございまして、その辺が私どもの頭の痛いことの一つでございます。（浅田忠一＝日本原子力発電常務──『電気教会雑誌』一九八一年三月号）

原子力規制委員会

環境省におかれている行政委員会。経済産業省からの原子力規制機関の独立と規制行政の一元化などを目的として、二〇一二年九月一九日に発足した。委員は五人。原子力規制庁は、その事務局。

原子力発電所の廃止措置工程（例）

1. 安全貯蔵

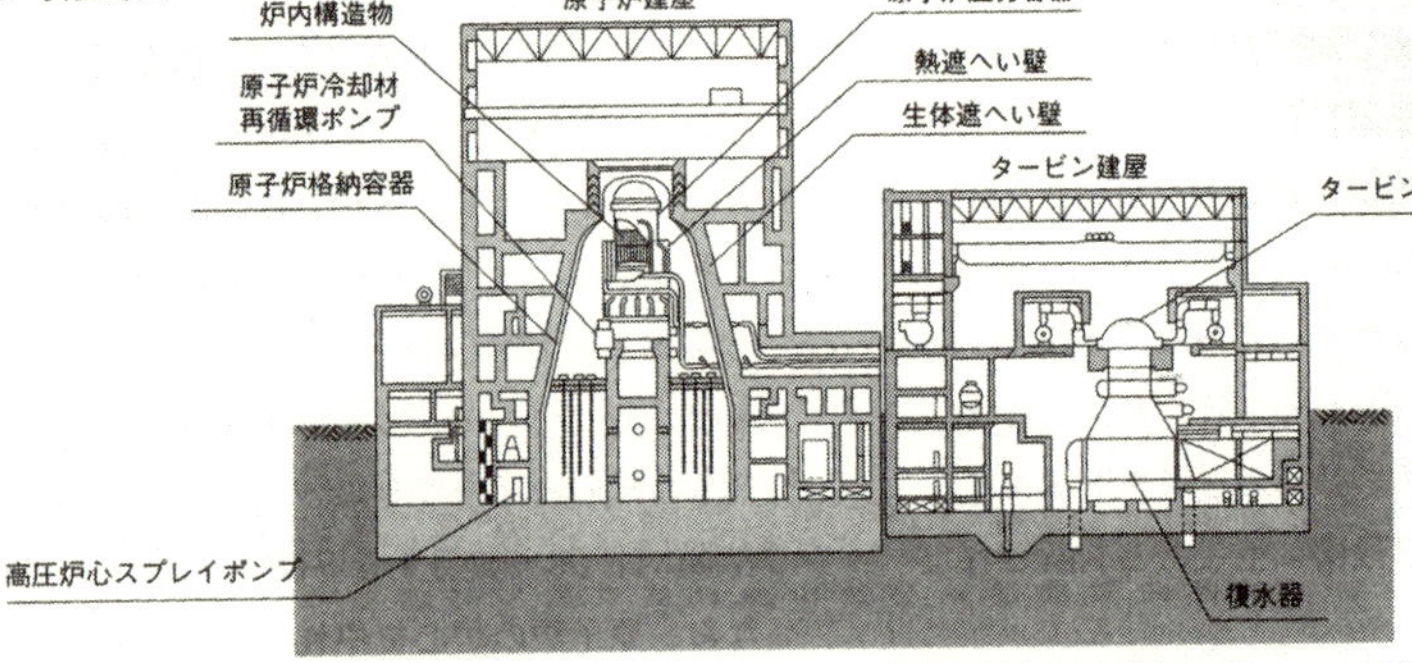

使用済燃料などを搬出した後、5～10年程度貯蔵し、
放射性物質の量の減衰を待つ。

2. 解体撤去

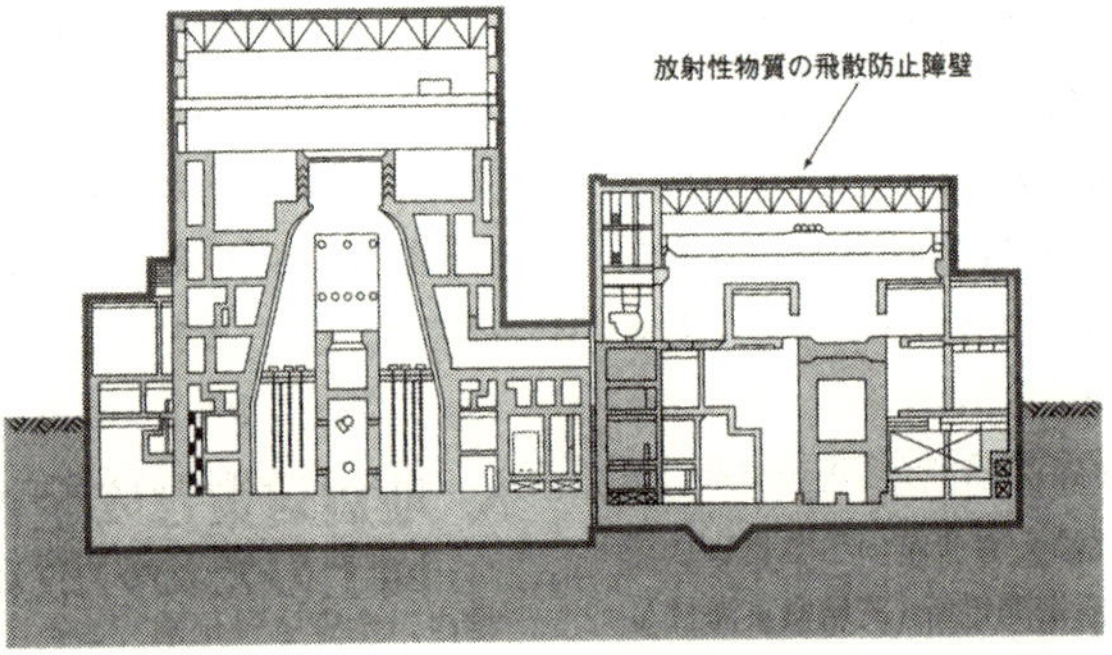

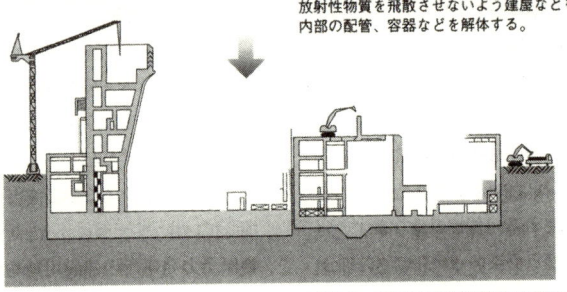

放射性物質を飛散させないよう建屋などを維持しながら、
内部の配管、容器などを解体する。

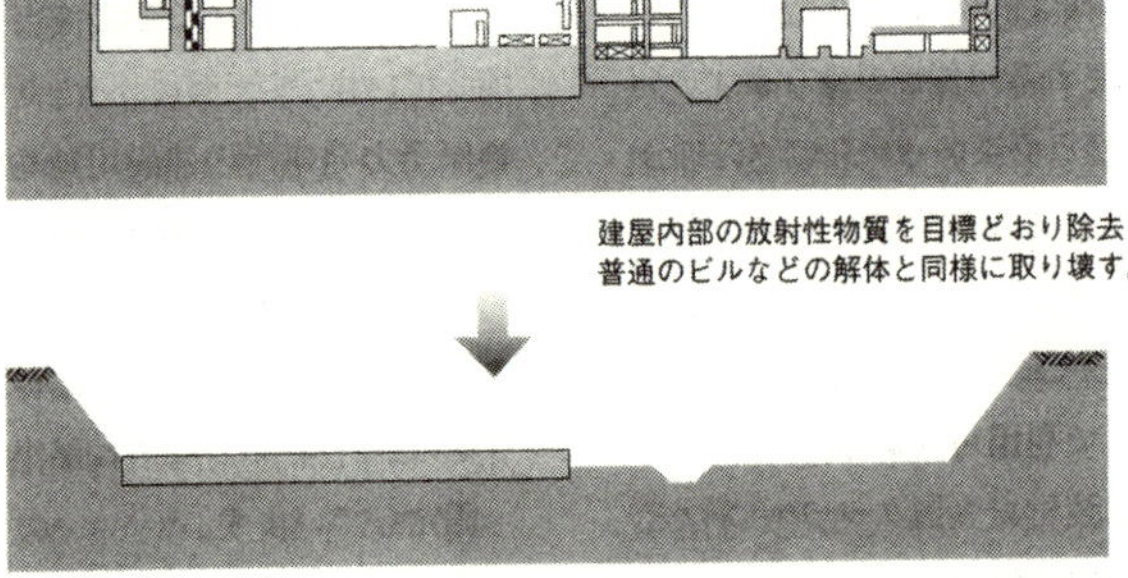

建屋内部の放射性物質を目標どおり除去したか確認後、
普通のビルなどの解体と同様に取り壊す。

3. 解体撤去終了

計画どおり解体撤去が完了したか確認する。

資源エネルギー庁原子力広報推進室『原子力発電2000』より

分場は六ヶ所と決まっておらず、まったく未定だと強調してみせていました。

六ヶ所埋設センターに持ち込めるのは、「やや放射能濃度の低い低レベル放射性廃棄物」です。さらに放射能濃度が低いとされるのが、「極低濃度低レベル放射性廃棄物」で、深さ四メートル程度の溝《みぞ》（トレンチ）に埋め、約二・五メートルの盛り土で覆うという安直な処分方法が考えられています。二〇一五年六月、東海原発の廃止措置をすすめている日本原子力発電は、発電所敷地内に廃炉廃棄物をトレンチ処分する埋設事業許可を原子力規制委員会に申請しました。

放射性として扱われるのは高低合わせても一～二％ですが、全体が数十トンですから、決して少量ではありません。廃炉廃棄物の実に九四～九八％は、「放射性廃棄物でない廃棄物」とされ、さらに数％は放射性廃棄物であっても「放射能のレベルが極めて低く、人の健康に対するリスクが無視できる」として、放射性廃棄物の扱いをせずに再利用したりできるようにする制度がつくられています。次のQで見る「スソ切り」です。

ただし、現実には、再利用は難しいでしょう。いくら危険なレベルでないと言われても、原発から出てきた廃棄物を再利用するのには、ためらいがあります。おまけに、放射能の検査などでお金がかかり、値段の高い廃コンクリートやくず鉄となりますから、よけいに再利用の道はひらけないと思います。ふつうのごみとして処分することも、引き取りをことわられるかもしれません。

けっきょく解体はあきらめて、原発の墓場を残すことになるのではないでしょうか。

あらゆる施設が廃棄物に

残るのは、原発の墓場だけではありません。原子力で発電をするには、ウラン鉱石を掘り、鉱石からウランを取り出し、濃縮という作業をした上で、燃料に加工します。濃縮をするには、ウランを濃縮しやすい形に変えることと、濃縮をしたあとで再びもとの形に戻すことも必要です。それぞれの施設があり、閉鎖されれば解体

高レベルほど地下深くというだけの処分計画

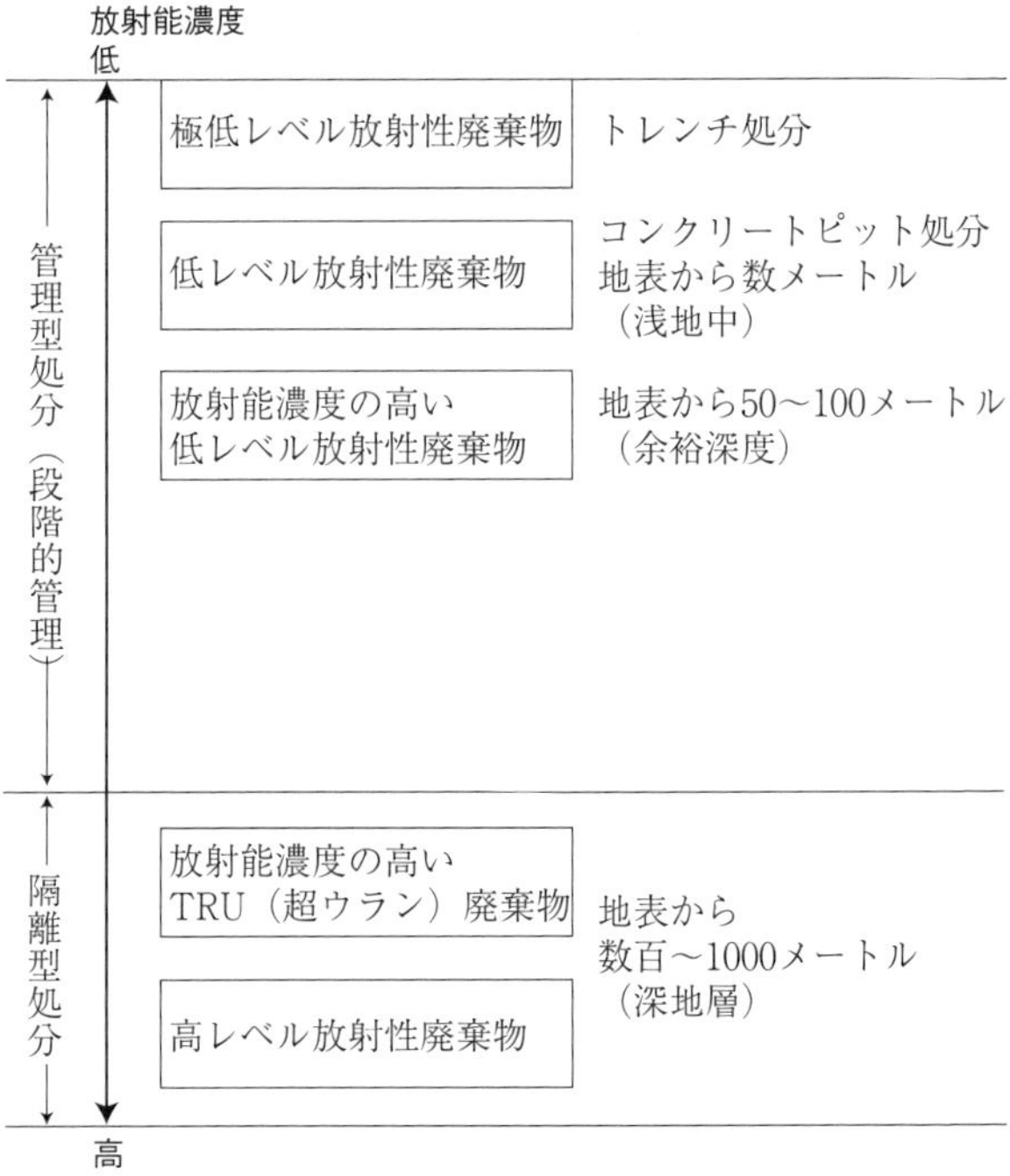

されます。解体できなければ墓場となり、解体ができても大量の廃棄物が残ります。

原発で燃やされた使用済み燃料を処理するために再処理工場がつくられ、やがて墓場か大量の廃棄物の山となります。再処理工場を解体するとなると、原発よりいろいろな機器があって複雑ですし、プルトニウムなど寿命の長い放射能による汚染のために、原発の解体以上にやっかいです。

放射性廃棄物を処分しやすい形に変える施設、中間的に貯蔵する施設も、施設自体が廃棄物になるか墓場になります。放射性廃棄物が、さらに新しい放射性廃棄物を生み出すわけです。

原発だけを考えても、何年あるいは何十年もかけて立地を決め、五年以上かけて建設し、三〇年ほど動かした後、同じくらいの年数をかけて管理、そして解体撤去する、さらにそれ以後も放射性廃棄物が残り続けるというのですから、どう考えたところで間尺《ましゃく》に合いません。

福島第一原発の廃炉は

以上は、大きな事故もなく廃炉となった場合の考え方です。大事故を起こした原子炉を解体撤去した例は、世界中を探しても見当たりません。

福島第一原発の1〜3号機より燃料溶融の程度が小さかったスリーマイル島原発2号機でも、デブリ（溶融燃料のかたまり。制御棒などと混合溶融している）の取り出し開始は事故から六年半後、完了は一一年後となりました。一トン近いデブリが回収不能で、今も残ったままです。解体は、二〇三四年に開始の計画とされています。

デブリの取り出しは、炉心ボーリング装置で粉砕し、のみ、はさみを使って細かく砕き、掬《すく》い取ったり摑《つか》み取ったり、小さなものは吸引したりして行なわれました。福島で同じことが可能でしょうか。スリーマイル島原発でも、原子炉容器の他に、蒸気発生器や加圧器、原子炉冷却系、高温側配管などにデブリが飛んでいました。福島原発では、それ以上にあちこちにデブリが飛び散っているとか、燃料と炉内構造物が一体となって溶融・再固化しているとか、さまざまな事態が想定されます。はるかにやっかいです。また、取り出したデブリの後始末が大きな問題となります。

安全が確認できれば、デブリを取り出さずに金属で固めこんでしまうほうがよい、との考えもあります。

デブリ

破片。原発事故では、溶融した核燃料や原子炉構造物などが冷えて固まったものを言う。

先は見えない

米ＴＭＩ（スリーマイル島原発）は、事故から一一年後に九九％のデブリの回収に成功したが、1Ｆ（福島第一原発）はＴＭＩと違って、デブリが圧力容器を突き破り、原子炉の底部に散らばっている。炉内は分からないことが多いのに線量が高いので調査技術さえ確立していない。政府は1Ｆの廃炉費用をＴＭＩの約五〇〜六〇倍の約八兆円と見積もっていますが、どうやってデブリを回収するのか。先が見える段階ではなく、計画倒れが目に見えています。（田中俊一＝原子力規制委員会委員長―『ＬＩＦＥ』二〇一七年一〇月号）

福島第一原発が「原発の墓場」への第一歩となるおそれは決して小さくないのかもしれません。「原発の墓場」は、やがてぼろぼろに朽ち果てます。その過程で放射能災害が起こらない保証もないのです。

Q12 放射能レベルの低い廃棄物は、再利用するのが合理的ではないですか？

放射能レベルの低い廃棄物は、放射性廃棄物扱いをする必要はなく、ふつうのごみとして捨てたり再利用したりできるとか。それではいけないのですか。

スソ切りで在庫一掃

廃炉の解体から発生する廃棄物については、発生量の九五パーセント以上はレベルがきわめて低いはずとして、それらを「放射性廃棄物でない廃棄物」ないし「放射性廃棄物として扱う必要のない廃棄物」にしようと一九九九年三月、原子力安全委員会で、放射性廃棄物として扱う境界レベルが決められています。

「放射性廃棄物でない廃棄物」という言葉は、一九九二年四月にとつぜん出現します。「現在、放射線管理区域で発生するごみは全て放射性廃棄物として取り扱っているが不合理である。使用履歴、設置状況等から放射性物質の付着、浸透《しんとう》等による二次汚染がないことが明らかであるもの等は、放射性廃棄物でない廃棄物とすることができる」と、原子力安全委員会が言い、法令化されるでもなく、そのまま適用されることになりました。

「放射性廃棄物として扱う必要のない廃棄物」は、もともとは放射性廃棄物であるものの規制を解除した廃棄物です。長いズボンのスソを足の長さにあわせて切るように、放射性廃棄物のうち、ある放射能レベル以下のものを切り捨てることから、これを俗に「スソ切り」といいます。反原発派の命名ではなく、原子力業界内で使われていた言葉です。原子力安全委員会などの呼び名では「クリアランス」。在庫一掃《ざいこいっそう》のクリアランス・セールを思い起こさせる点で、より適切なネーミングかもしれません。スソ切りなどという乱暴なことが考えられたのは、放射性廃棄物が増えすぎて、身動きがとれなくなってきたためなのですから。

増え過ぎた放射性廃棄物をみんな放射性廃棄物として管理していくのではたまらない、放射能レベルの低いものはふつうのごみとして捨てたり、再利用したりできるようにしよう、というのがスソ切りです。その考えは、もともとは一九八五年に原子力委員会と原子力安全委員会によって認められました。それから一五年以上、考えは認められたものの、なかなか実行

原子力委員会

内閣総理大臣の諮問機関。二〇〇一年の法改正で委員が五人から三人に減り、機能も削減された。

に移されなかったのは、放射能のごみを野放しにすることに合意を得るのが難しいからです。

クリアランスレベルとは

しかし、いよいよ原発の廃炉の解体が目前に迫ってきて、一九九九年三月、原子力安全委員会の放射性廃棄物安全基準専門部会で、クリアランスのレベルがいったん決められました。いったんとはどういうことかは、後述します。

さてクリアランスレベルとは何か。鉄材などに再利用されたりしても、産業廃棄物なみに埋設され、その跡地が農業などに利用されたりしても、年間一〇マイクロシーベルトを超える被曝を人に与えないという

PWR原子力発電施設の放射能レベル区分

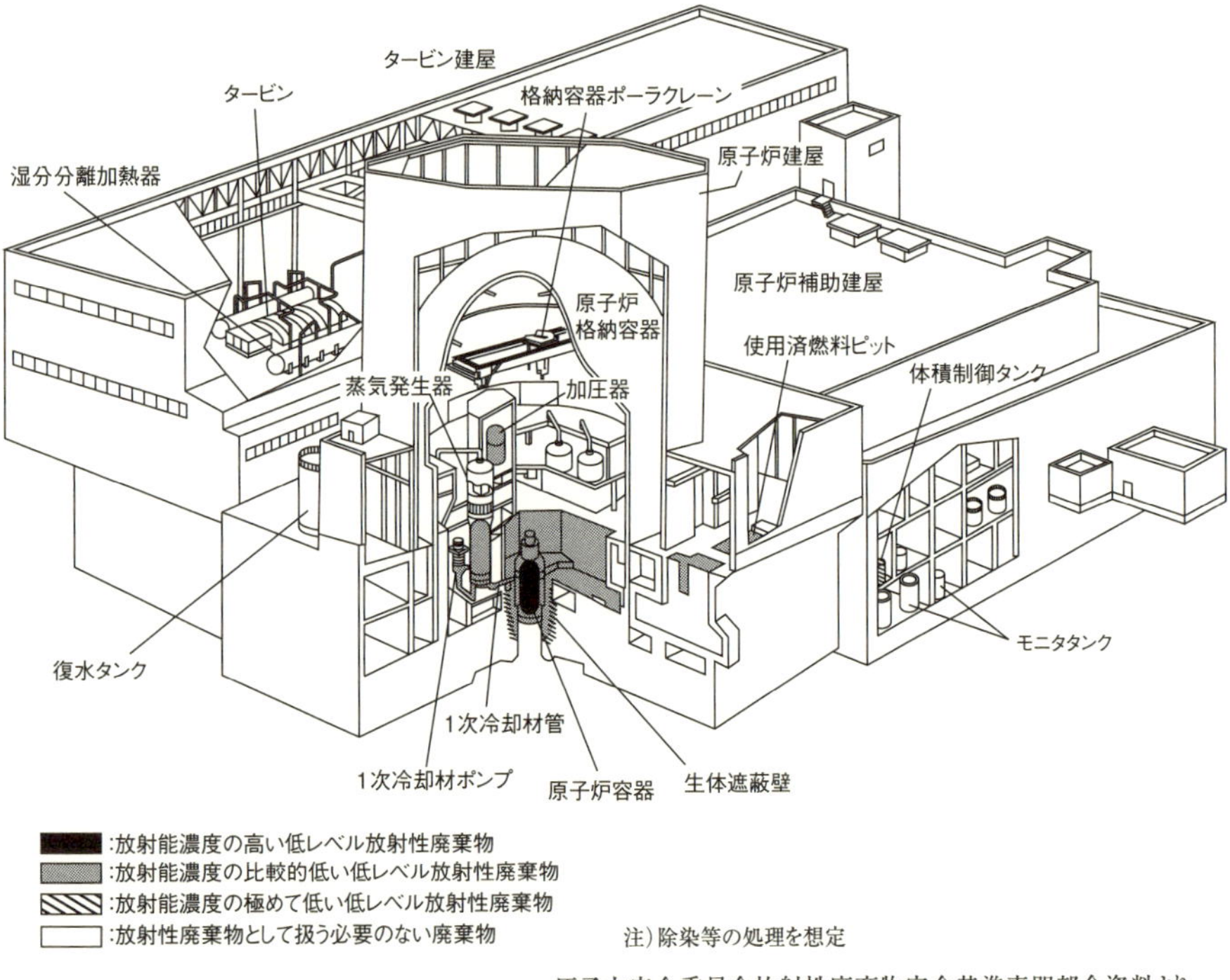

原子力安全委員会放射性廃棄物安全基準専門部会資料より

放射能濃度を言います。その値が、放射能の種類ごとに決められたのです。

とはいえ含まれる放射能の種類は一種類とは限られませんから、複数の種類の放射能が含まれていても、全体としてクリアランスレベルを超えないようにしなくてはなりません。といって、すべての種類の放射能の濃度を測定し、それぞれがもたらす被曝量の合計を計算するなどということは、現実に不可能です。

そこで基準になる放射能をいくつか決めて、それぞれが単独で年間一〇マイクロシーベルトの被曝を与えうる濃度（基準値）の何パーセントになるかを測定し（たとえば基準値が一グラム当たり二〇〇ベクレルであるトリチウムの測定値が五〇ベクレルなら、二五パーセント）、その合計が一〇〇パーセントにならなければよい、という考え方が採用されました。放射性廃棄物安全基準専門部会が選び出したのは、次ページの表に示す九種類の放射能です。

基準値づくりのおかしさ

部会の基準値は、トリチウム以外は国際原子力機関（IAEA）の当時の技術文書の値の範囲内でしたが、種類によって、IAEAの値の最大値だ

ベクレル
放射能の量を表わす単位。

国際原子力機関（IAEA）
原子力利用の推進と核拡散の防止のため、国際連合によってつくられた政府間機関。

ったり、最小値だったりします。被曝に至るシナリオを「日本における日常生活の態様、社会環境等を基に」独自に想定し、試算したのだと、部会の報告書では誇《ほこ》らしげに述べられていました。

フライパンに使われる場合には、フライパンの面積や、水・調味液による鉄の腐食《ふしょく》速度、フライパンを使用した年間調理時間、飲料の缶に使われる場合なら、飲料中に溶け出す鉄の濃度、飲料の年間摂取量、はたまたベッドへの利用なら、寝る人間との距離、ベッドの年間使用時間、埋設《まいせつ》地が農地として利用されるケースでは、農耕作業時間、農作物の摂取量……と、そんなデータを集めてきて、どれくらいの放射能濃度の廃棄物が埋設処分されたり再利用されたりすると、最悪の場合、年間一〇マイクロシーベルトの被曝を与えてしまうかを試算するのです。

トリチウムのように、IAEAが示している値よりずっと厳しくされたものもありますが、試算によって結果が何桁も違ってしまうこと自体、数多くの仮定を掛け合わせた試算が、いかにあてにならないかということを物語るものでしかないでしょう。現に部会の試算の中間報告（一九九八年四月）では、トリチウムのクリアランスレベルはさらに桁違いの一グラム

クリアランスレベル基準値　（単位：ベクレル／g）

放射性核種＼基準値	原子力安全委員会 当初決定	原子力安全委員会 再評価	IAEA技術文書	IAEA安全指針
トリチウム	200	60	3000	100
マンガン—54	1	2	0.3	0.1
コバルト—60	0.4	0.3	0.3	0.1
ストロンチウム—90	1	0.9	3	1
セシウム—134	0.5	0.5	0.3	0.1
セシウム—137	1	0.8	0.3	0.1
ユーロピウム—152	0.4	0.4	0.3	0.1
ユーロピウム—154	0.4	0.4	—	0.1
全アルファ核種	0.2	0.2	0.3	0.1

当たり七ベクレルとされていたのです。

そして何のことはありません、最終的には二〇〇五年五月、ＩＡＥＡの新しい安全指針の値をそのまま採用することになってしまいます。「国際的整合性」が、その理由です。基準値そのものはトリチウムでゆるめられた以外は、原子力安全委員会の再評価値より厳しくなったと言えますが、簡単に何倍も基準値が変わってしまう信頼性の低さの方が問題でしょう。また、厳しくなったと言っても、スソ切りの本質に変わりはありません。

スソ切りは許されない

この「放射性廃棄物として扱う必要のない廃棄物」の埋設や再利用にあたって、たとえば金属の回収・溶融・製品化などの作業を行なう労働者にも、再利用製品の消費者にも、何の警告も標示もないことは、大きな問題です。また、事故が起きた場合、誰がどう責任をとるのかは、きわめて不透明です。とりわけ再利用などということが行なわれると、その後の責任の所在はいっそうわからなくなり、放射性廃棄物を出した電力会社の責任は、まったく見えなくなってしまうでしょう。

クリアランス金属でつくられた東海原発ＰＲ館前のベンチ

医療器具や子どものおもちゃなどへの利用は、どうなのでしょうか。また、複数の線源《せんげん》からの被曝が重なることなども考慮して、ほんとうに規制値（一〇マイクロシーベルト）未満に抑えられるでしょうか。

膨大な廃棄物の放射能測定が正しく行なわれることは、とても期待できません。放射能の中には、測定の難しいものも多くあります。きちんと測定しようとしたら、途方もない時間と費用がかかってしまいます。そこでスソ切りはやめた国もあります。再利用しようにも、前項で述べたように余りに高価なリサイクル品となって、引き取り手はないでしょう。

それを避けようとしたら、含まれていないはずの放射能は測らなくてよい、測りやすいものだけでよいとし、さらに、荒っぽい抜き取り検査だけにして、測定には時間をかけずに「検出限界以下《けんしゅつげんかいいか》」とするしかありません。けっきょく規制値未満に抑えることは、あやしくならざるをえないでしょう。しかも、規制値の一〇マイクロシーベルト未満なら安全とも言えません。否、安全であろうとなかろうと、放射性廃棄物を産業廃棄物扱いで埋設処分したり、日用品に再利用したりなんて、そもそも願い下げにしたいと思います。

線源
放射線を出すもと。

プロブレムQ&A

Ⅲ 核燃料サイクルという虚妄

Q13 原発の燃料はリサイクルできるって本当ですか？

原発の燃料がリサイクルできるというのは、資源が少ない日本にとって魅力的。もしも本当なら、とてもよいことではありませんか。

リサイクルという名の欠陥商品

原発で使い終わったウラン燃料は約九五〜九七パーセントがリサイクルできます——と、国や電力会社は宣伝をしています。たとえば次ページの下の広告を見て下さい。ケーキの大部分が食べ残された写真に「えっ、これ捨てちゃうの？」のキャッチコピー。「『プルサーマル』は捨てません」と説明する電気事業連合会の広告です。「ケーキの食べ残しは捨てるしかないけれど、プルサーマルならもう一度つくり直せます！」

でも、「ケーキなら残さずに食べちゃうけど」と思いませんか。ところがウラン燃料は、残すしかないのです。ケーキで言えば約三〜五パーセントしか食べられません。残りは捨てるか、つぶしてもう一度つくり直すか、

プルサーマル
軽水炉でプルトニウムを燃やすこと。↓一〇八ページ

どちらかです。つくり直したものも、やはり約三～五パーセントしか食べられません。はじめの食べ残しを全部食べるには、何十回もつくり直さなければならないのです。最後につくり直した分も約九五～九七パーセントは残さないといけませんから、厳密《げんみつ》には食べつくすこと自体が不可能です。実際には早々と「やーめた」となるのが落ちでしょう。これは、「リサイクルできる」のではなくて、むしろ「欠陥商品」と呼ぶべきだと思います。

おまけに、現実には、ほぼまったくつくり直しはできていません。約九五～九七パーセントがリサイクルできると言ううち、プルトニウムが約一パーセント、残りは燃え残りのウランです。プルトニウムも利用計画が破綻《はたん》していますが、ウランに至っては利用計画すらありません。原発で燃やされた後に残るウランには天然のウランに比べて、核分裂のじゃまをするウラン―236や、崩壊に伴って強い放射能を生み出すウラン―232がふくまれていて、電力会社も使いたがらないのです。

高速増殖炉の影が薄くなって

ところで、実は、このリサイクルは、もともとは高速増殖炉《こうそくぞうしょくろ》という原子

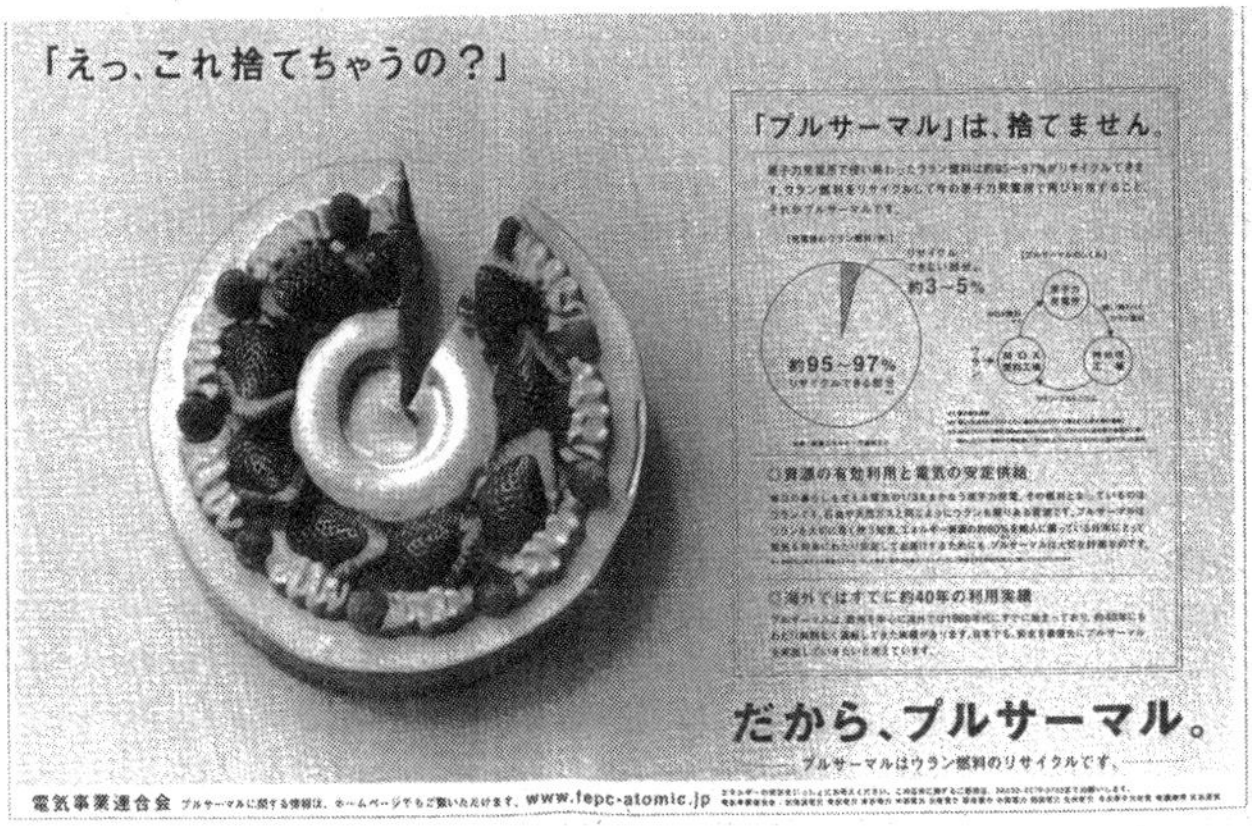

「えっ、これ捨てちゃうの？」
「プルサーマル」は、捨てません。
約3～5%
約95～97%
だから、プルサーマル。
プルサーマルはウラン燃料のリサイクルです。
電気事業連合会
www.fepc-atomic.jp

炉でプルトニウムを利用することを中心に考えられていました。原発はウランを燃料としますが、天然のウランの成分の九九・三パーセントは「燃えにくいウラン」であるウラン—238です。原発の燃料の中で実際に燃える（核分裂をする）のは、天然のウランにわずか〇・七パーセントしかふくまれていない「燃えやすいウラン」＝ウラン—235です。

ところが、燃料としてほとんど役に立たないウラン—238が、原子炉の中で中性子というものを吸収して、プルトニウムに変わります。プルトニウムは燃料として燃えるので取り出して利用すれば、燃えるウランの何十倍も使うことができるというのが、プルトニウム・リサイクルの考えです。

といっても、プルトニウムをうまくリサイクルするのに、ふつうの原発では効率よくプルトニウムを生み出せません。そこで期待されたのが、高速増殖炉でした。

そもそも六ヶ所再処理工場は、まだ六ヶ所村への立地が決まる以前のもともとの計画では、高速増殖炉の実用化とセットで構想されていました。一九六七年に原子力委員会が決定した「原子力研究開発利用長期計画」で

高速増殖炉
プルトニウムを燃料として利用するために、より多くのウラン—238がプルトニウムに変わるよう開発された原子炉。→九七ページ

原子力研究開発利用長期計画
原子力の研究、開発及び利用に関する長期計画。原子力委員会によりほぼ五年おきに策定されてきた。二〇〇五年に原子力政策大綱に衣替え。その改定途上で福島原発事故が起き、つくられなくなった。

は、高速増殖炉の実用化を一九九〇年とし、その五年前の一九八五年に同炉の燃料用プルトニウムの生産工場として商業用再処理工場の運転を開始する見通しだったのです。それが、すなわち六ヶ所再処理工場です。

再処理工場の運転開始も遅れましたが、高速増殖炉の実用化はいっそう遅れ、二〇〇六年八月に経済産業省がまとめた「原子力立国計画」では、今度は六ヶ所再処理工場の次の「第二再処理工場」とセットになりました。さらに二〇一六年一二月、高速増殖炉「もんじゅ」の廃止が決定され、高速増殖炉の実用化は、遅れるどころか、まったく見通せなくなっています。

六ヶ所再処理工場は、高速増殖炉から取り出されるプルトニウムの使いみちをなくしてしまったのです。それでも建設が強行されています。六ヶ所再処理工場こそ、日本の原子力政策の不合理さ・無責任さの象徴と言ってもよいでしょう。

ウラン燃料の燃焼による変化

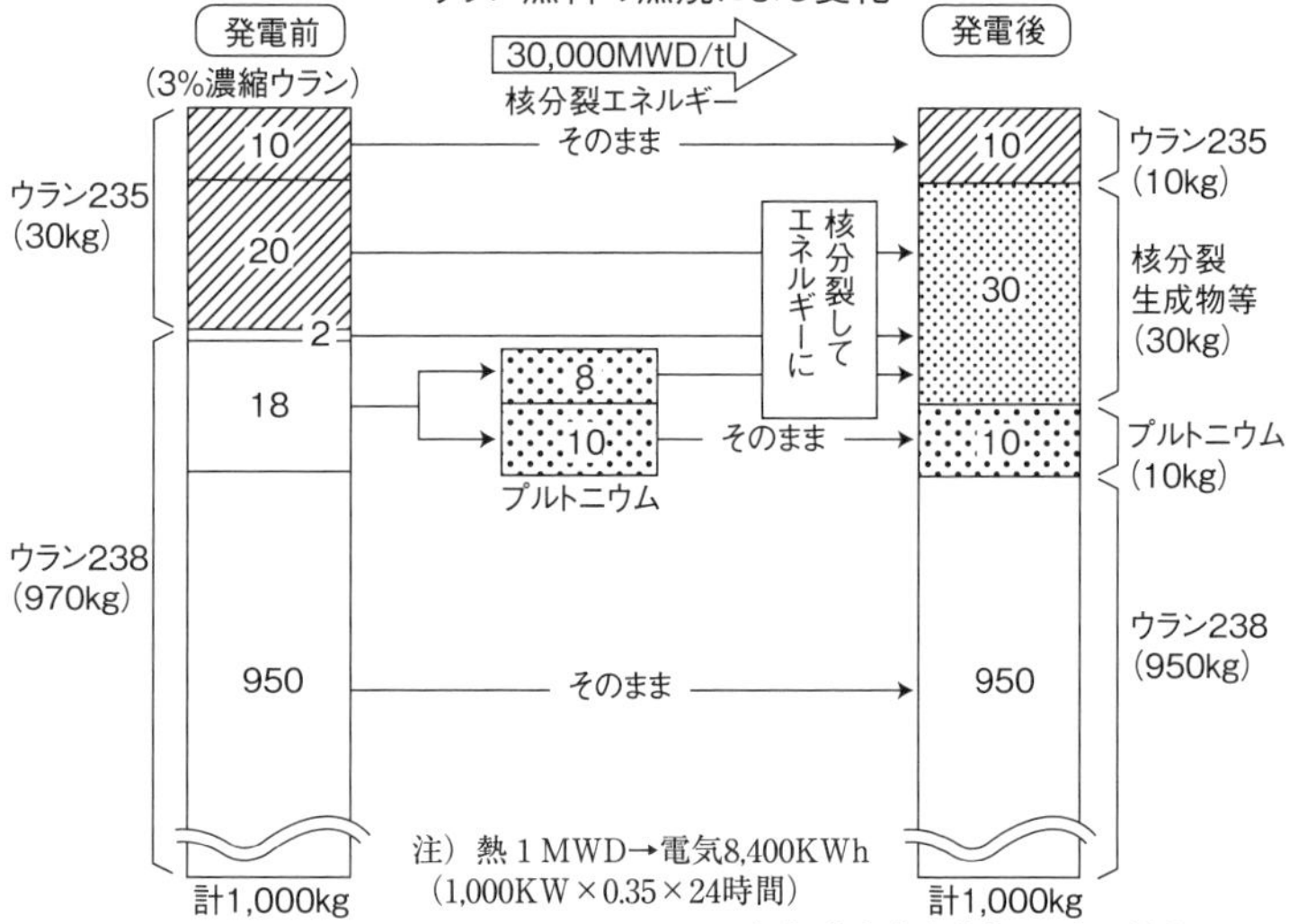

注）熱 1 MWD→電気8,400KWh
（1,000KW×0.35×24時間）

出典:鈴木篤之著「原子力の燃料サイクル」
日本原子力文化振興財団『原子力図面集』より

再処理の必要なし

リサイクルと言っても、使えるのはわずか一パーセント足らずのプルトニウムだけ。しかも、そのためには、使用済み燃料を再処理してプルトニウムを取り出し、ウランと混ぜて燃料に加工しなければなりません。新たな、いっそう厄介な放射性廃棄物も発生して、あと始末は、さらに複雑化します。

そうしたことに余分に使われるエネルギーを考えるなら、有効利用どころか、かえってエネルギーのむだづかいにつながります。そんなことのために大きな危険を抱え込むより、別のエネルギーの利用や、エネルギー消費の削減を行なうほうが、ずっと安全で、エネルギー問題の解決に役立つことは明らかでしょう。

現実にはプルトニウムがたまって困っているのですから、再処理をする必要はまったくありません。にもかかわらず、青森県六ヶ所村では、再処理工場の試運転が、日本原燃《にほんげんねん》（電力会社を中心に、メーカーなどが共同出資してつくった会社）によって強行されてきました。もっとも、「試運転」とは名ばかりで、実際には止まったままです。

再処理工程の使用前検査は終わっているので、試験と称して動かすこともできません。一方、高レベル放射性廃液をガラスと混ぜて容器に固め込む「ガラス固化」でつまずき、こちらは試運転開始から一〇年以上もの間、合格できずにいるのです。原子力規制委員会の新しい規制基準への適合性確認のため、終わったはずの再処理工程も、改めての使用前検査が必要でしょう。

何年も使っていない工程を動かしたら、すぐにも事故が起きそうです。何とか事故は免れたとしても、合格できるかどうか怪しいものです。

竣工《しゅんこう》の時期は二〇二一年度上期とされています。一八年度上期とされていたのが、三年延期されました。着工以後で数えても二〇回延期されています。いずれまた延期されるのは確実です。必要のない工場だけれどつくってしまったから、ともかくも竣工のセレモニーをして、「成功しました」というかっこうをつけたい、その後は「プルトニウムの需給を考慮して」との言いわけで操業のペースを落とせばよいと、竣工だけをめざしてきたのに、その竣工ができないでいるとは何をかいわんやでしょう。

国も電力会社もストップさせたかった

実は経済産業省や電力業界も、六ヶ所再処理工場の試運転入りにストップをかけようと動いていました。二〇一三年二月二日から八日にかけて『毎日新聞』に連載された「虚構《きょこう》の環　第1部　再処理撤退阻む壁」が、以前から業界紙誌などで小出しにされていた二〇〇二～〇三年当時のやりとりをやや詳しく報じています。

まず口火を切ったのは経済産業省の村田成二事務次官（当時）で、「電力のほうから撤退を言ってほしい」と提案したといいます。電力側は「国から言うべき」と席を蹴《け》ったものの、高コストを理由に撤退したいとの思惑では一致していたので協議がつづいたとか。しかし、けっきょく「『ばば抜き』の構図からなかなか抜け出せなかった」というのです。業を煮やした若手の官僚たちは「一九兆円の請求書」と題したペーパーをつくって国会議員らに訴えます。『週刊朝日』二〇〇四年五月二一日号で「『上質な怪文書』が訴える『核燃料サイクル阻止』」と紹介されて話題になりましたが、国会を動かすことはできませんでした。

経済産業省

旧通商産業省が衣替えして発足した中央省庁の一つ。外局として資源エネルギー庁をもつ。

無責任VS無責任

使用済み燃料は原子力発電所にためることを前提にして、できれば再処理します――という方針にすればよかったんだ。原子力委員会が「使用済み燃料はすぐ持っていきます」なんて地元自治体に言ってきたものだから、「ためさせてくれ」と言うと今度は「約束が違う」と言われる。だから、再処理事業は仕方なしにやっている。国の誤った政策のしりぬぐいみたいなものだ。これは原子力委員会の失敗だが、責任を取る人はだれもいない。（豊田正敏＝元日本原燃サービス社長―二〇〇〇年三月二四日付東奥日報）

『毎日新聞』の記事にある「自民党商工族で大臣経験もある重鎮《じゅうちん》」の協力拒否理由が興味深いものです。「君らの主張は分かる。でもね。サイクルは神話なんだ。神話がなくなると、核のごみの問題が噴《ふ》き出し、原発そのものが動かなくなる。六ヶ所は確かになかなか動かないだろう。でもずっと試験中でいいんだ。『あそこが壊れた、そこが壊れた、今直しています』でいい。これはモラトリアムなんだ」。

結果として、電力会社も日本原燃も経済産業省も、誰も計画中止の責任をとれる者がいないという情けない理由から、名ばかりの「試運転」というモラトリアム（棚上げ）が続行されているのです。

再処理事業新制度の狙い

二〇一六年五月一一日、「原子力発電における使用済燃料の再処理等のための積立金の積立て及び管理に関する法律の一部を改正する法律案（再処理等拠出金法案）」が参議院本会議で可決され、成立しました。

電力システム改革（いわゆる自由化）によって、これまで原子力事業の前提とされてきた、地域独占・総括《そうかつ》原価方式の料金規制による投資回収保証

地域独占
北海道電力から沖縄電力までの一〇電力会社が、地域での電力供給を独占していた。この体制は、電気事業の自由化により崩れてきている。

総括原価方式
事業にかかる費用と事業報酬（一般企業の利潤に当たる）の和を「適正な原価」として、経済産業大臣が電気料金を規制してきた方式。家庭用の料金などでは残っている（他は自由化）が、二〇二〇年には撤廃される予定。

再処理積立金
法に基づいて電力会社内に積み立てられる再処理費用。拠出金制度に改められた。

が失われれば、国策である再処理の実施が滞《とどこお》る可能性があるとして、①現行の再処理積立金制度を拠出金《きょしゅつきん》制度に変え、拠出された資金は事業主体に属することにする。それに便乗して、現行制度では六ヶ所再処理工場での再処理予定分だけを積み立てているのを改め、すべての使用済燃料の再処理費用と、さらにMOX（プルトニウム・ウラン混合酸化物）燃料加工など関連事業の費用まで拠出させる。②再処理の実施主体として、新たに認可法人「使用済燃料再処理機構」を設立する――としたのです。

その認可法人「使用済燃料再処理機構」は、二〇一六年一〇月三日に設立されました。認可法人とは、民間主導で設立される一方、役員の人事や事業実施計画の承認などで国がコントロールできるものです。その上で、実際の事業は、従来通り日本原燃に委託するようにしました。原子力規制委員会の規制は日本原燃に対して行なわれ、「実施主体」の再処理機構には及ばないという、おかしな事業です。

電力会社にとって資金負担が重くなる厳しい新制度、と見えます。しかし、資産に計上される積立金と違って、拠出金は損金として処理できます。何より責任を大きく国に転嫁《てんか》できることが、最大のメリットでしょう。し

再処理をするからプルトニウム利用が必要

なぜプルトニウムを使うのかについては再処理するからであり、なぜ再処理するかについては……再処理工場は一〇～一五年に一基しか造らないもので、再処理は着実にしっかり育てていかなければならない。再処理をやればプルトニウムが出てくるが、昔は高速増殖炉実証炉、原型炉、ふげん、残りをプルサーマルとの組み合わせがあった。しかし、そのようなバランスで使うという事情が変わってきた。その中で、プルトニウムを確実に使うということで、軽水炉で燃やす計画が進んでいる。（榎本聰明＝東京電力常務・原子力本部長＝当時―長期計画策定会議第二分科会、二〇〇〇年五月一六日）

けっきょくツケがまわってくるのは国民です。プルトニウムはプルトニウムで保管しても捨てても、「利用」でなく「処分」するものであり、プルトニウムを生み出すこと自体が「重荷」なのです。

かも、国がどこまで責任をもつかは定かではありません。けっきょくツケは将来世代に先送りされるのです。

一見すると日本原燃の救済策のようで、その実は投資回収保証が失われる電力会社の救済策であり、電力会社が原発離れをしないようアメとムチを同時に満足させるものとして、新制度はあるのだと思います。もちろん、実施主体が再処理機構に変わったところで技術が向上するわけもなく、先が見えないことに変わりはありません。

いずれにせよ、再処理も高速増殖炉も高レベル放射性廃棄物の処分も、本音ではみんなやりたくありません。『エネルギーフォーラム』二〇一〇年六月号で榎本聰明《としあき》東京電力顧問・元副社長は言いました。「六ヶ所再処理工場の建設費が上昇し、立地地域との煩雑《はんざつ》な折衝《せっしょう》が現実化するに従い、再処理はもちろん、FBR［高速増殖炉］の開発計画の凍結《とうけつ》を訴える声が、国、電気事業者、マスコミなどの一部から聞かれるようになった。もちろん、そうすれば、再処理によって出てくるプルトニウムの処分という重荷からも逃れられる」。プルトニウムは「利用」でなく「処分」するものであり、プルトニウムを生み出すこと自体が「重荷」なのです。

プルサーマル唯一の利点は

MOX燃料には、成形加工費が濃縮ウランの四倍、取扱いが難しい、現在もっとも経済的とされる四分の一炉心の取替ができないなどの欠点がある。唯一の利点は使用済燃料の再処理で出てきたプルトニウムに捌け口を与えることができる点である。

（海外電力調査会欧州事務所―『海外電力』一九八九年一〇月号）

破綻《はたん》が誰の目にも明らかとなったいまなお、政府は強引に核燃料サイクル政策を推し進めています。過ちを認めなければ責任もとらなくてよいという考えからでしょう。プルトニウムの使いみちも定かでないのに核燃料サイクルに固執すれば、核開発の疑いをもたれたり、他の国の核開発を促したりします。

もちろんプルトニウムの使いみちがあればよいのではありません。危険なプルトニウム利用こそ、やめるべきなのです。プルサーマルで燃やしても、プルトニウムがなくなってしまうわけではありません。燃えるのは燃料中のプルトニウムの一部です。燃料の大部分はウランなのですから、新たなプルトニウムが生まれてしまいます。プルトニウム総量は増えこそすれ、減ってはくれないのです。死の灰が生まれて強い放射線が出るので核兵器への転用が難しいというだけのこと。いわば元の使用済み燃料にもどすわけですから、再処理をせず、プルトニウムを取り出さなければよかったとなるだけです。

再処理をしてプルトニウムを取り出すことをやめ、すでに取り出されたプルトニウムは、放射性廃棄物として処分するよりほかありません。

再処理への疑問は以前から

再処理路線についての疑問は以前から底流としてあった。表立った議論としては、一〇年ほど前に、六ヶ所村の再処理施設が、政府により事業指定された時期に、故島村武久原子力委員が再処理事業を始めることに疑問を呈されたことであろう。……私の記憶するところでも役所の中でも、賛成する人が多かったように思うが、再処理路線という流れに逆らうことはできず、ずっとボタンの掛け違いが続いているのが現状である。（大井昇＝元東芝原子炉設計部主幹・国際原子力機関燃料サイクル課長―『日本原子力学会誌』二〇〇二年七月号）

Q14 高速増殖炉は「夢の原子炉」ではないのですか？

使った燃料より多くの燃料を新しく生み出す高速増殖炉。まさに「魔法のかまど」であり「夢の原子炉」ですが、実用化はやはり難しいのでしょうか。

つまずいた開発計画

高速増殖炉は、プルトニウムを燃料として使いながら、使ったプルトニウムより多くのプルトニウムを新しく生み出す原子炉です。プルトニウム燃料のまわりに「燃えにくいウラン」を配置し、燃料が燃えるときに飛び出してくる中性子を当てることでプルトニウムに変えて増やすのです。そう聞くと、なるほど「魔法のかまど」です。「夢の原子炉」と呼ばれるのも、おかしくないように思われます。もっとも、新しくつくられるプルトニウムは、ごくわずかです。燃料として入れたのと同じ量のプルトニウムを新しくつくろうと思ったら何十年もかかりますから、そのうちに原子炉のほうが寿命が尽きてしまいます。高速増殖炉が意味を持つためには、何基も

高速増殖炉の位置付け

元来軽水炉は……資源の有効利用から見れば不完全なシステムなのです。……軽水炉だけでは燃料サイクルのシナリオは完結せず、やがて原子力全体が行き詰まってしまうでしょう。……原子力が束の間のエネルギー源で止まるのか、人類繁栄のための手段となるのかは、一に高速炉の実用化にかかっていると申しても過言ではないでしょう。（秋元勇巳＝三菱マテリアル社長―高速増殖炉懇談会報告書補足意見、一九九七年一〇月一四日）

高速増殖炉をつくって、それぞれが少しづつ増やしたプルトニウムを集めて新しい高速増殖炉の燃料をつくる――ということになります。

その開発計画のいわばふりだしにあたるものが、一九九五年一二月にナトリウム漏れ・火災事故を起こした「もんじゅ」でした。ふりだしでつまずいたために、プルトニウム・リサイクル路線は、計画が何年も先に延期されることになります。そうなると、ますます「上がり」が遠のいて、ほんとうにいつかは役に立つのかという、以前から投げかけられていた疑問が、さらに大きくなるでしょう。世界のほとんどの国で、プルトニウム・リサイクル路線は危険すぎると、すでにあきらめられているのです。となると、そもそも天然のウランのごくごく一部を利用するだけの原子力にどれだけの意味があるのか、原子力利用の危険性はそれに見合うものなのか、との疑問もわいてきます。

高速増殖炉の危険性

「もんじゅ」のナトリウム火災は、高速増殖炉の危険性をまざまざと見せつけました。ナトリウムを使う以上、漏れて燃えることは当然考えてお

高速増殖炉への期待千年先を見よ

広島、長崎の原爆被ばくによって、日本では核反対の意見が多いが、絶対的、唯一無二の価値観などはなく、時代とともに変わる。ガリレオの地動説、ダーウィンの進化論など、当時の社会には受け入れられなかったものが、後に科学の主流になっている。

高速増殖炉についても同じで、危険だと批判する声があるが、放射性物質を減らし、エネルギーを確保する究極の科学であり、結論は百年、千年という長いスパンで見てほしい。そういった面で、もんじゅは国際的な財産であり、大いに期待している。

（藤家洋一＝原子力委員会委員長代理―敦賀国際エネルギーフォーラム、二〇〇〇年一一月九日）

高速炉は、化石燃料やウランの枯渇に備え、繰り返して使えるプルト

くべきだったのに、漏らさない対策も、漏れを早く見つける対策も、火災を起こさせない対策も、火災を拡大させずに消し止める対策も、「日本の技術は優秀」と運転者の動燃《どうねん》（動力炉・核燃料開発事業団）や国がいばって言っていたのとは大違いで、まったく役に立たなかったのです。

ふつうの原発では、水を使って炉心を冷やしています。しかし高速増殖炉では、プルトニウムを効率よく増やすために、水が使えません。増殖を成り立たせるためには、燃料が燃えるときに飛び出す中性子の量を多くし、「燃えにくいウラン」であるウラン―238に吸収される中性子の割合を多くする必要があります。ふつうの原発では、核分裂を起こしやすくするために、中性子のスピードを落として「燃えやすいウラン」であるウラン—235の原子核にぶつけるのですが、高速増殖炉では、増殖という目的を重視して、高速のまま使います。

高速増殖炉の高速というのは、増殖するスピードが高速というのでなくて、高速の中性子を使うことです。水を使うと、中性子のスピードを落としてしまいます。そこで、高速増殖炉では、水の代わりに金属のナトリウムを高温で液体にして使うのです。ナトリウムしか使えないかというとそ

ニウム利用技術を今のうちに確立しておこうということですから、数百年、数千年という長期的な人類の未来を考えれば、必要なのは明らかです。その先見性を認識、理解してほしいのです。

（宮崎慶次＝滋賀職業能力開発短期大学校校長—『エネルギーレビュー』二〇〇一年三月号）

もんじゅ

んなこともないのですが、ねだんの問題とかいろいろ考えてナトリウムにしたようです。

やっかいなナトリウム

さて、このナトリウムは、「もんじゅ」の事故のように、水（水蒸気）や酸素と爆発的に反応して燃えます。コンクリートも水をたくさんふくんでいますから、コンクリートの上にこぼれたら、やはり爆発的に燃えます。水との反応では水素が生まれ、水素爆発の危険があります。でも、発電をするには、水から蒸気をつくって、それで発電機のタービンをまわす必要があります。すると、炉心をまわって熱くなったナトリウムの熱を水にうつしてやらなくてはなりません。蒸気発生器という機器の薄い金属の壁を通して熱をうつすのですが、そこで美浜原発で起きたような、蒸気発生器の細管がちぎれたり、穴があいたりする事故があったら、たちまち水とナトリウムの反応が起こります。

ところでナトリウムが水と違ってやっかいなのは、ナトリウム自体が中性子をあびて放射能を持ってしまうことです。炉心をまわって放射能で

蒸気発生器
タービンを回す蒸気を発生させる装置。細管の内側を通る水の熱を外側の水に移して、蒸気を発生させる。高速増殖炉では、細管の内側を水でなくナトリウムが流れている。

よごれたナトリウムが水と反応したり、さらに水素爆発を起こしたりして、環境に放射能を持ったナトリウムが放出されてはたまりません。そのため高速増殖炉では、一〇三ページの図のように、炉心をまわるナトリウムから、中間熱交換器というところで放射能抜きの熱だけをもらって、その熱を蒸気発生器に運ぶことにしています。

一九九五年一二月の事故で漏れたナトリウムは、この放射能を持っていない場所から漏れたのです。漏れたナトリウムは一トン程度と見られていますが、安全審査ではその一五〇倍ものナトリウムが漏れることを仮定し、それでも原子炉の安全性には影響を与えないとしていました。現実の事故によって安全審査の事故想定がいかにいいかげんなものかを思い知らされたことになります。大規模な火災・爆発に至らなかったのは、不幸中の幸いだったと言えるでしょう。

ナトリウムにはまだまだ問題があります。水なら透き通って見えるのに、ナトリウムだと見えませんから、事故があったときに事故の場所を見つけたり、修理したりするの

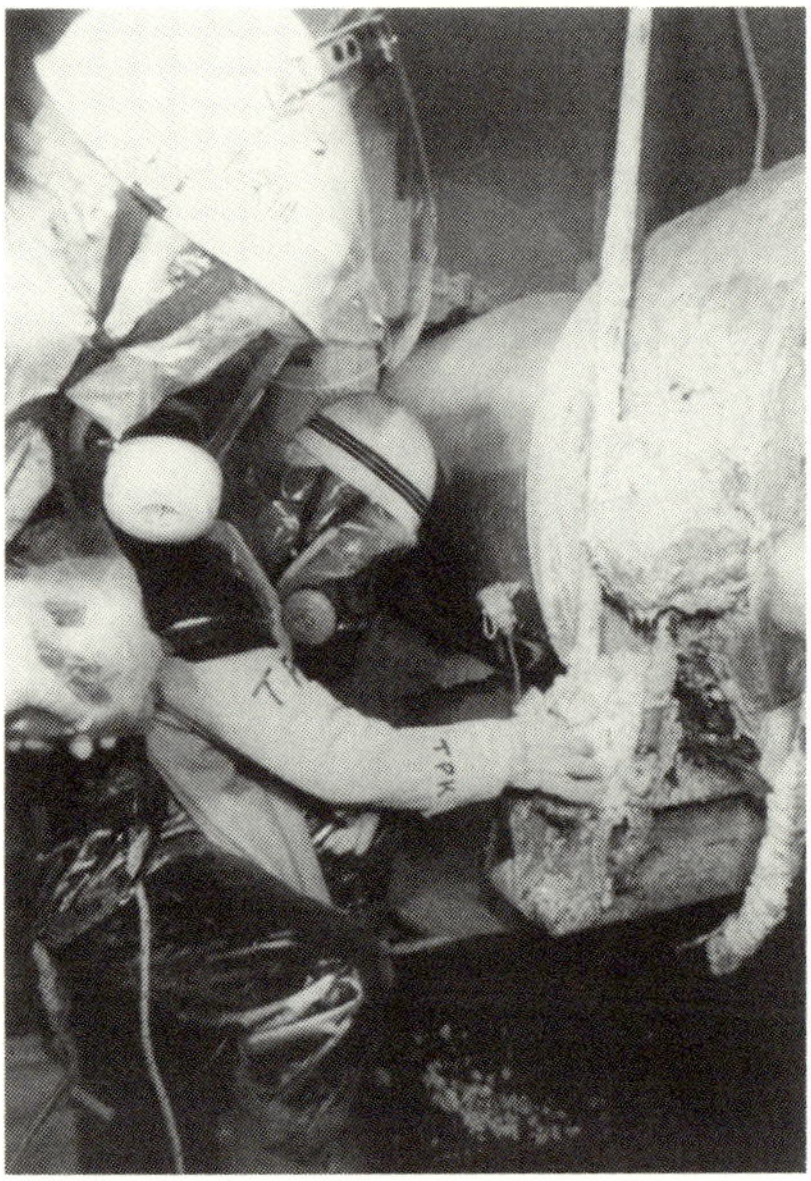

「もんじゅ」ナトリウム漏洩火災事故
配管の温度検出器付近に付着しているナトリウム化合物を採取する動燃作業員ら

がたいへんなのです。場所によっては放射能が強すぎて、人間が中に入って修理をすることもできません。

高速暴走炉・危険増殖炉

ナトリウムの使用のほかにも、高速増殖炉では、プルトニウムの増殖のためにいろいろなむりをしています。中性子のスピードを落とさないと核分裂は起こしにくいので、ふつうの原発の炉心の一〇倍ほどにもびっしりと炉心に燃料を詰め込むことも、その一つです。炉心はつねに不安定な状態にあり、ちょっとしたきっかけでチェルノブイリ原発事故のような暴走事故を起こします。暴走がはじまると、その進行速度はふつうの原発の場合の二五〇倍と、それこそ高速暴走炉です。

そんな危険増殖炉では、各国が開発を中止したのも、むりはないでしょう。高速増殖炉の開発は、原子力利用の本命として世界の各国がきそってすすめてきたのですが、しかし実際にはじめてみると技術的な困難さが山ほどあり、その対策に莫大な費用がかかります。けっきょくアメリカがあきらめ、イタリアが手を引き、ドイツが放棄し、イギリスが撤退し、最先

暴走事故
反応度事故。核分裂連鎖反応が急速に進行することで起こる事故。

高速増殖炉の概念と事故例

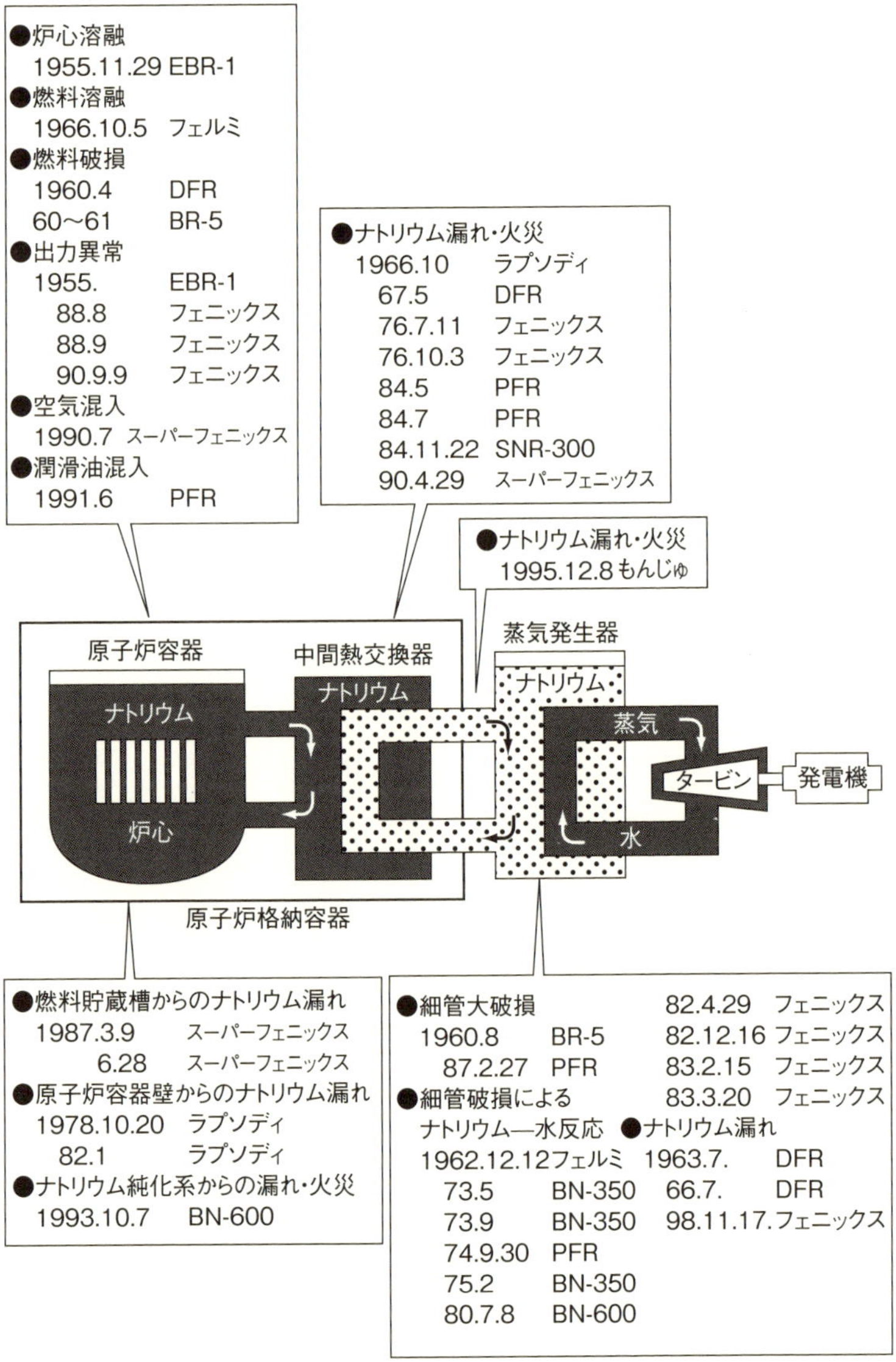
●炉心溶融
1955.11.29 EBR-1
●燃料溶融
1966.10.5 フェルミ
●燃料破損
1960.4 DFR
60〜61 BR-5
●出力異常
1955. EBR-1
88.8 フェニックス
88.9 フェニックス
90.9.9 フェニックス
●空気混入
1990.7 スーパーフェニックス
●潤滑油混入
1991.6 PFR
●ナトリウム漏れ・火災
1966.10 ラプソディ
67.5 DFR
76.7.11 フェニックス
76.10.3 フェニックス
84.5 PFR
84.7 PFR
84.11.22 SNR-300
90.4.29 スーパーフェニックス
●ナトリウム漏れ・火災
1995.12.8 もんじゅ
蒸気発生器
原子炉容器
中間熱交換器
ナトリウム
ナトリウム
ナトリウム
蒸気
タービン
発電機
炉心
水
原子炉格納容器
●燃料貯蔵槽からのナトリウム漏れ
1987.3.9 スーパーフェニックス
6.28 スーパーフェニックス
●原子炉容器壁からのナトリウム漏れ
1978.10.20 ラプソディ
82.1 ラプソディ
●ナトリウム純化系からの漏れ・火災
1993.10.7 BN-600
●細管大破損
1960.8 BR-5
87.2.27 PFR
●細管破損による
ナトリウム―水反応
1962.12.12フェルミ
73.5 BN-350
73.9 BN-350
74.9.30 PFR
75.2 BN-350
80.7.8 BN-600
82.4.29 フェニックス
82.12.16 フェニックス
83.2.15 フェニックス
83.3.20 フェニックス
●ナトリウム漏れ
1963.7. DFR
66.7. DFR
98.11.17. フェニックス

西尾漠『脱!プルトニウム社会』(七つ森書館)より、一部加筆

になりました。

頭を走ってきたフランスも撤退し、各国ともに開発計画は挫折《ざせつ》することになりました。

「もんじゅ」、ついに廃炉

福井県敦賀《つるが》市に日本原子力研究開発機構が所有する高速増殖炉の原型炉「もんじゅ」は、一九九五年一二月八日にナトリウムが漏れて火災となる事故を起こして以来、試運転が中断されました。一四年余りを経て二〇一〇年五月に再開されたのもつかの間、八月二六日、三・三トンの重さの炉内中継装置が原子炉容器内に落下する事故が起き、修理は終えたものの停止が続いていました。

二〇一五年一一月一三日、原子力規制委員会が、「もんじゅ」を安全に運転する能力が日本原子力研究開発機構にはないとして、監督官庁の文部科学省に運営主体の見直しを求める勧告《かんこく》を行ないました。見直しもできずに一年後の一六年一二月二一日、原子力関係閣僚会議によって「もんじゅ」の廃炉が決定されます。

ただし、「もんじゅ」の廃炉が決まっても、それで「めでたし、めでた

日本原子力研究開発機構
核燃料サイクル開発機構（動力炉・核燃料開発事業団の後身）と日本原子力研究所が二〇〇五年一〇月に統合されて生まれた政府系研究機関。

炉内中継装置
燃料交換時に燃料を移送するための装置。

し」とはなりません。廃炉作業そのものが大仕事です。ナトリウムに漬かっている燃料の取り出し、一次系・二次系ナトリウムの抜き取り、機器に付着したナトリウムの除去、ナトリウムの安定化処理等々、課題を挙げていけば、きりがありません。

また、前出の閣僚会議決定は、次のようにも述べています。「我が国は、『エネルギー基本計画』に基づき、核燃料サイクルを推進するとともに、高速炉の研究開発に取り組むとの方針を堅持する」と。あくまで政策の誤りを認めず、誤りにしがみつく硬直した姿勢を許してはなりません。

ここで「高速炉」というのは、従来の「高速増殖炉」をあいまいにした命名です。高速増殖炉は、プルトニウムを燃料とし、燃料の周りに置いた「燃えにくいウラン」をプルトニウムに変えて、燃えた量より多くのプルトニウムを新たに生み出すという原子炉です。長期にわたって安定的なエネルギー供給ができる「夢の原子炉」という触れ込みでした。その夢が色褪《あ》せたのを見越して後ろに隠し、半減期が何万年もある長寿命の放射性廃棄物を、プルトニウムといっしょに燃やすことで寿命の短いものに変えるといった、新たな夢をうたっているのですが、それこそ虚偽《きょぎ》広告以外の何

「廃棄物減容」は誇大広告

もんじゅの利用のアイデアとして、廃棄物の減容であるというような、無毒化というか、核変換のようなことを、これも理屈としてはあり得る話ですけれども、……それを、もんじゅが動けばこういった廃棄物問題の解決に貢献するかのように言うのは、少しこれ、民間の感覚でいえば誇大広告と呼ぶべきものではないでしょうか。（更田豊志＝原子力規制委員会委員長代理―原子力規制委員会臨時会議、二〇一五年一一月二日）

有害度低減を主たる目的とした開発については、高レベル放射性廃棄物処理についての誤解を生む可能性があることから研究のための研究に陥ることを防ぐ必要がある。（原子力委員会『「エネルギー基本計画（素案）」について（見解）』、二〇一八年六月一二日）

ものでもありません。

プルトニウムという名のごみ減らし

いまや大きな問題となっているのは、プルトニウムを増やすことより、減らすことです。というのも、プルトニウムが世界的に余りだしたからです。高速増殖炉はプルトニウムを増やす原子炉ですが、それは動かしてから何十年もたってのことで、はじめは燃料のプルトニウムがたくさんいります。ですから、高速増殖炉の計画がうまくいかないと、使うはずだったプルトニウムが余ってしまうのです。そこで、余ったプルトニウムを燃してしまえる点を宣伝文句に、余ったプルトニウムは、とうとうふつうの原発で燃やすしかなくなった――それが、次のQに見るプルサーマル計画です。

それにしても、プルトニウムが増やせるからいいと言ったり、減らせるからいいと言ってみたり、いそがしいことです。実際にはそう簡単に焼却されてなくなるわけではないし、高速炉（いまや増殖炉でなくなったので、高速炉と呼ぶのが世界の大勢です）の危険性は変わりません。プルトニウム

世界中で高速炉開発!?

「夢の.原子炉」と謳われた高速炉技術は、世界を見渡せば現実のものとなりつつある。最も開発が進むロシアは一五年に実証炉BN‐800を稼働させた。中国、インドも共に三〇年代の実用炉の運転開始を目指し開発を進めている。

仏国もASTRID計画を維持し、米国も今年一月に新たな高速炉型試験炉の設計・建設を目指す戦略を発表した。日本も将来の実用化を見据え、国内外の照射ニーズ［放射線照射試験用原子炉としての需要］に応えるべく「常陽」の再稼働の準備を進めている。（中村博文＝日本原子力研究開発機構高速炉・新型炉研究開発部国際・社会環境室長―二〇一八年七月六日付日刊工業新聞）

は燃やすのでなく、アメリカやイギリスなどでより良い方法が研究されている廃棄物としての管理がいちばん安全でしょう。

日本が世界をリード!?

日本は「もんじゅ」の廃炉が決まったものの、今もナトリウム冷却高速炉開発における世界の一翼を担い続けるとともに、シビアアクシデント時の安全確保をはじめとして包括的な安全システムの設計面では世界をリードし、安全性に優れた高速炉の実現へ向けて大きな貢献を果たし続けている。（同右）

Q15 プルサーマルって、特別に危険なことなのですか？

プルサーマル計画がうまく進まない、とマスコミをにぎわすようになって何年にもなります。プルサーマルはなぜ、どこでも嫌われるのでしょう。

電力会社のホンネ

ウランを燃やすように設計されたサーマルリアクター（熱中性子炉＝ふつうの原発）でプルトニウムを燃やすことを、和製英語で「プルサーマル」といいます。失敗続きの日本の計画が有名になって、いまや国際的に通用する言葉になりました。

プルサーマルの危険性について政府や電力会社は、ふつうの原発でも燃料の中に生まれたプルトニウムの一部は燃えているのだから問題はない、と言います。しかし電力会社は、ふつうの原発でプルトニウムを燃やすなんてことはしたくないのが、ホンネです。

いまでもプルトニウムが少し燃えているといっても、はじめから燃料

熱中性子
減速（↓一一〇ページ）によりエネルギーを小さくした中性子。

プルサーマルの問題点
事故を起こしやすい
燃料の被覆管が破損しやすい
事故を止めにくい
制御棒の効きが悪い
燃料棒
制御棒
燃料棒
制御棒
アッツ!!
事故が拡大しやすい
反応の進み方が大きい
被害が大きくなる
プルトニウム超ウラン核種が多い

として燃やすのとではプルトニウムの量がケタ違いに違います。とうぜん、危険性にも違いがあります。

プルサーマルの危険性

プルサーマルの危険性のごく一部を説明しておきましょう。

《核反応がより不安定になる》

「ふつうの原発」と呼んでいる軽水炉には、沸騰水型《ふっとうすいがた》と加圧水型《かあつすいがた》という二つのタイプがあります。東京電力などでは沸騰水型、関西電力などでは加圧水型の原発を持っています。

さて、沸騰水型炉では、核分裂が増加して原子炉内の冷却水の温度が上がると、蒸気の泡（ボイド）が増え、それによって核分裂が抑えられます。原子炉の暴走を防ぐ「自己制御性《じこせいぎょせい》」の一つです。ボイドが増えると反応が低下するので、ボイド係数が負であると言います。加圧水型炉では、核分裂が増加して原子炉内の冷却水の温度が上がると、中性子のスピード（エネルギーの大きさ）を下げる減速材の量が減り、やはり反応が低下します。減速材温度係数が負であると言います。

軽水炉
減速材、冷却材に軽水を用いる原子炉。

沸騰水型
原子炉内で冷却水を沸騰させて蒸気をつくるタイプの原子炉。

加圧水型
原子炉内の冷却水に高い圧力をかけて沸騰を抑え、タービンを回す蒸気は蒸気発生器でつくるタイプの原子炉。

自己制御性
核分裂が増えると自然に核分裂が抑えられ、増え過ぎて暴走しないように制御している原子炉の特性。

減速
核分裂で生まれた高速中性子を、同じくらいの重さの原子核にぶつけて跳ね返らせ、エネルギーを下げること。減速させることによって原子これらの係数が、プルサーマルでは、より負となる（絶対値が大きくなる）ことが知られています。それによって、より安全になるということではありません。ボイドが減ったり、冷却水の温度が下がったりした時には、絶対値が大きい分だけ逆に核反応が進んでしまうからです。沸騰水型炉では、タービンが突然止まったりする事故の時に、炉内の圧力が急上昇してボイドがつぶれると、急激に反応が進みます。加圧水型炉では、二次冷却系の異常な減圧などがあると、炉水の水温が低下して反応が進むのです。原子炉の停止余裕は、それだけ小さくなります。

《制御棒《せいぎょぼう》の効きが悪くなる》

制御棒や、加圧水型炉での核反応の制御に用いられているホウ素の効きが悪くなります。制御棒やホウ素に吸収されることで核反応を抑える低スピードの中性子が、MOX（プルトニウム・ウラン混合酸化物）燃料では、その前に燃料に吸収されてしまうからです。いざという時、うまく核反応を止められない危険性があります。

《燃料がこわれやすくなる》

MOX燃料とウラン燃料を組み合わせた燃料集合体の中で、MOX燃料

核にうまくあたって核分裂をしやすくする。

プルトニウムの発電寄与割合

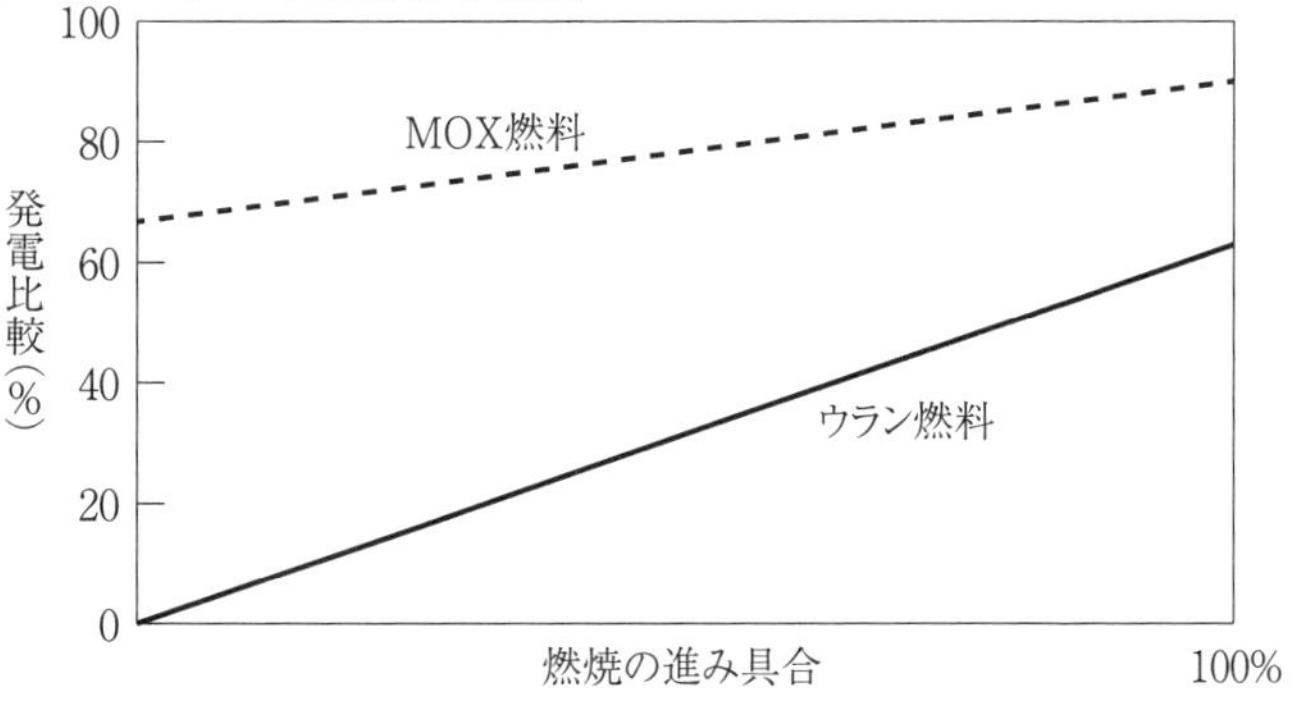

原子力資料情報室編『原子力年鑑2016-17』（七つ森書館）より

のところだけ反応が大きく進み、局所的に出力が上昇します。ＭＯＸ燃料の中でも、プルトニウムの濃いところと薄いところで出力のムラができます。燃料がこわれやすくなり、原子炉の停止余裕も小さくします。

《事故時の被害が大きくなる》

プルトニウムや超ウラン元素（ＴＲＵ）と呼ばれる放射能毒性の大きい放射能が燃料に多くふくまれることから、事故の時の被害がウラン燃料の事故の場合より大きくなります。

《使用済み燃料の再処理が難しい》

使用済みのＭＯＸ燃料は、使用済みウラン燃料と比べて発熱が大きく、年数が経つほどウラン燃料との差は開くことになります。使用済みＭＯＸ燃料の再処理では、プルトニウムの含有量がウラン燃料の三〜八倍になることから、アルファ線による溶媒の劣化や、中性子の遮蔽《しゃへい》などの被曝対策、臨界管理、核物質防護、核拡散抵抗性といったことが問題となるでしょう。また、硝酸溶液に溶けにくいものが多く含まれ、融けずに残ると続く処理の妨げになったりします。再処理後の廃液のガラス固化にも、困難が伴います。

ＭＯＸ

混合酸化物の英語の略称。プルトニウムとウランの混合酸化物を言う。

アルファ線

原子核から飛び出してくる陽子二つと中性子二つからなる粒子の流れ。

核拡散

核兵器保有国が増えること。これを「横の核拡散」、核保有国で核兵器の数が増えることを「縦の核拡散」と呼ぶこともある。

もちろん、さまざまな対策が立てられているのですが、それは、安全解析・炉心設計をいっそう複雑にし、いっそう信頼性を薄くします。また、その対策のために、燃料費はとても高くなります。燃料価格を比べてみれば、MOX燃料はウラン燃料より四～八倍も高くなっています。

改良型沸騰水型軽水炉（ABWR） 沸騰水型軽水炉をより大型化・低コスト化したもの。「コスト改良型」と揶揄される。

全MOX炉心という迷案

どうせ危険でやっかいになるのなら、いくつもの原発で燃やすより、少ない数の原発にたくさんのプルトニウムを入れて燃やしたほうがいい、という考え方も出てきました。ふつうの原発では燃料の三分の一をMOX燃料にするのがやっとですが、新しく開発した原発なら全部の燃料をMOX燃料にできる、と。

日立製作所が発行する『日立評論』の一九九五年四月号では、ABWR（改良型沸騰水型炉）なら炉心の全体にMOX燃料が装荷でき

高浜原発用MOX燃料
1体当たりの輸入価格

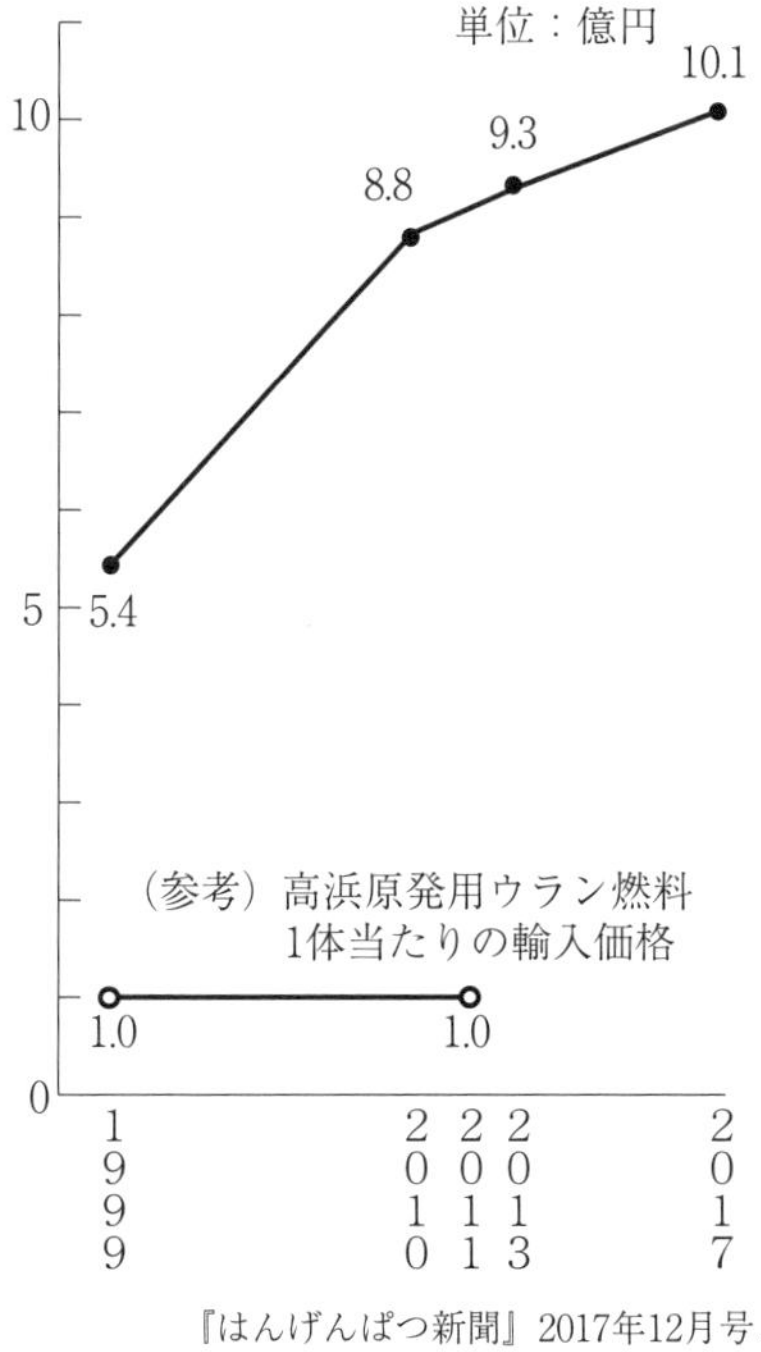

『はんげんぱつ新聞』2017年12月号より

ると述べられていました。そうすれば「国内再処理工場から発生するプルトニウムのうち、軽水炉での需要分、年間三トンは約三基の全MOX炉心ABWRで賄《まかな》うことができる。これはMOX燃料の集中装荷によって国内でのプルサーマル利用軽水炉の基数を十数基から三基に減らすことができることを意味しており、MOX燃料利用炉の少数特定化の点で有利である」というのです。

需要とは「仕方なく燃やす量」であること、不安な実験の場となる利用炉の数はできる限り減らしたいことが如実にわかる表現ですが、実績のきわめて少ないABWRでの全MOX炉心というのも恐ろし過ぎます。ABWRとは、「改良されているのは経済性だけだ」と陰口を叩かれているしろものなのです。

全MOX炉心は、ますます危険性が大きくなることなので、やはり電力会社としては二の足を踏まざるをえません。もともと国策会社だった電源開発（二〇〇四年に完全民営化）が青森県の大間町に建設しようとしている大間原発で全MOX炉心が採用されることになっているものの、対岸の北海道函館市が建設差し止めを求めて裁判を起こすなど、強い反対の声があ

装荷
燃料を原子炉内にすえつけること。

正直な広報？
プルサーマルって言ってみれば「再生紙」みたいなものなんです。……せいぜい再々利用までがいいところで値段も案外安くないけれども、資源の有効利用のシンボル的存在であるところが「再生紙」に似てますよね。（東芝原子力事業部原子力企画室『VOILA』第一九号）

電源開発
現在の愛称はJパワー。太平洋戦争の後で、不足する電源（発電所）開発のために設立された国策会社だった。

たまには正しいことも
プルサーマルは、もともと経済性

ります。

プルサーマルこそ核燃料サイクル破綻の象徴

そんなプルサーマルが、二〇〇九年一一月から玄海原発3号機で、一〇年三月から伊方原発3号機、一〇月から福島第一原発3号機、一二月から高浜原発3号機でと、動き出しました。福島原発事故後の再稼働でも、伊《い》方《がた》原発3号機、高浜原発3、4号機、玄海《げんかい》原発3号機と、プルサーマルが強行されています。しかしそれは、核燃料サイクル政策の前進ではなく、むしろ後退の象徴です。

高速増殖炉開発の失敗でプルトニウムの使いみちがなくなると、再処理にストップがかかり、日本の原子力政策の破綻が明らかになるからプルサーマルなのです。そこで福島事故後の原発再稼働でも、プルサーマルが再開されることになります。とはいえ、プルサーマルの使用済み燃料は、六ヶ所再処理工場が仮に稼働できたとしても、技術的に再処理できません。むりやりプルサーマルを強行しても、サイクルはそこで止まってしまうしかないのです。

が悪く、もんじゅの遅れによるプルトニウム蓄積を補填するために、進めているだけです。サイクルが回りませんので、再処理施設の意味も、廃棄物処理施設の意味が強くなります。（岡本孝司＝東京大学大学院原子力専攻教授―『エネルギーレビュー』二〇一六年一一月号）

Q16 使用済み燃料は、どうしたらよいのでしょうか？

原発で燃やされ使用済みとなった燃料が、貯まりつづけています。あと始末をどうしたらよいのか。中間貯蔵は解決策にならないのでしょうか。

「中間貯蔵」の事業化

プルトニウム利用がうまくいかなければ、再処理にブレーキがかかります。また、そもそも再処理自体も、うまくいっていません。そこで、行き先をなくした使用済み燃料は、各原発に貯まりつづけることになります。

やっかいな、使用済み燃料というごみを、原発は日々生産しています。このごみは強い放射能を持つので捨てることはできず、高熱を発するので冷却しつづける必要があります。

使用済み燃料の「中間貯蔵」を事業として認める原子炉等規制法《げんしろとうきせいほう》の改正案が一九九九年六月九日、参院本会議で可決成立しました。施行《せこう》は二〇〇〇年六月です。

原子炉等規制法

正式名称は「核原料物質、核燃料物質及び原子炉の規制に関する法律」。核原料物質とは、ウラン鉱石やトリウム鉱石などのこと。また、核燃料物質とは、鉱石から取り出されたウランやトリウム、あるいはプルトニウムおよびそれらを含む物質をいう。

使用済み燃料の貯蔵施設は、現在、各原発と再処理工場にあります。原発内の施設で貯蔵しながら冷却した後、再処理工場の貯蔵施設に運ばれる――というのが、日本における原子力利用の基本原則でした。その二つの貯蔵施設の中間に、両施設とは別の所での中間貯蔵をはさみ込んだのが、右の法改正です。

なぜ、そんなややこしいものが必要になったのかといえば、前述のようにプルトニウム利用計画が破綻したからです。ならば再処理をやめるのが本筋ですが、政策の基本を変える責任がとれないため、こっそり再処理を抑制し、使用済み燃料の中間貯蔵を認めようという考えになりました。即ち、再処理工場に運び込むのを遅らせる中間貯蔵です。

六ヶ所再処理工場の計画は二〇〇五年七月操業開始へと遅らせせながらもつづけられ、対外的には基本政策の変更なし。使用済み燃料の中間貯蔵も、将来の再処理を前提とした「リサイクル燃料資源の備蓄」というわけです。「リサイクル燃料資源」とは使用済み燃料のことで、法改正のもとになった総合エネルギー調査会原子力部会の報告書（一九九八年六月）は、『リサイクル燃料資源中間貯蔵の実現に向けて』と題されていました。

使用済み燃料は放射性廃棄物

日本は使用済み燃料は放射性廃棄物とは定義していませんが、世界を見ると、廃棄物処分と使用済み燃料をどうするかということは、ほぼ同意義です。使用済み燃料対策として「再処理路線」のみでは、プルトニウム在庫量はさらに増加する可能性があります。（鈴木達治郎＝電力中央研究所上席研究員・東京大学大学院客員教授、『エネルギーフォーラム』二〇〇六年一一月号）

リサイクルとは、再処理をしてプルトニウムを取り出し、利用することです。リサイクルができなくなって、ただただ貯蔵するだけになって「リサイクル燃料資源」の名がつけられたのは、皮肉《ひにく》が過ぎます。さすがに法改正では、「リサイクル燃料資源」でなく「使用済燃料」の語が用いられています。

中間貯蔵と言っても、「将来の再処理」は中間貯蔵を認める口実でしかありませんから、けっきょく半永久的な貯蔵となるのは目に見えています。現実には、再処理をせずにそのまま捨ててしまうことも想定されているのは、間違いありません。それが世界の主流なのです。その場合には最終的に捨てるまでの中間貯蔵となり、やはり半永久的な貯蔵となることに変わりはありません。中間のつもりがずるずると貯蔵が長期化していくことになり、はじめから長期貯蔵を考慮して施設がつくられる場合よりも危険が大きくなります。

中間貯蔵の事業化が急がれた理由として、電力会社の負担軽減を挙げることができます。「再処理―余剰プルトニウムの燃焼」の回避と、貯蔵責任の事業者への転嫁《てんか》です。政府は「所有者は電力のままである」と強調しますが、原子力損害賠償《そんがいばいしょう》の責任などは貯蔵事業者が負うことになります。電力会社が自ら貯蔵するほうが合理的であるのに、あえて他の事業者に委《ゆだ》ねることを可能にしたことは、電力会社の責任を軽くする狙いであることを示しています。

中間貯蔵を急ぐ電力各社

中間貯蔵の計画が具体的に動き出したのは、青森県むつ市です。二〇〇五年一一月、日本初の使用済み燃料貯蔵会社が東京電力と日本原子力発電によって設立されました。その名も「リサイクル燃料貯蔵」です。二〇一〇年に着工。操業開始はずるずると延びて、一八年後半という予定がまた延期されようとしています。

中間貯蔵を急ぐ理由としては、前述のように原発内のプールに、大量の使用済み燃料が貯めこまれていることがあります。プールが満杯になろうとしていることから、各原発ではさまざまな手段でプールの容量を拡大してきました。プールの増設、燃料を入れるラックの増設、ラックの格子間隔を詰める「リラッキング」などです。余裕のある別の号機のプールに移

各原発の使用済み燃料貯蔵量と管理容量（2017年9月現在）

単位＝トン（ウラン重量）

発電所	貯蔵量	管理容量
泊	400	1020
東通	100	440
女川	420	790
福島第一	2130	2260
福島第二	1120	1360
柏崎刈羽	2370	2910
浜岡	1130	1300
志賀	150	690
美浜	470	760
高浜	1220	1730

発電所	貯蔵量	管理容量
大飯	1420	2020
島根	460	680
伊方	640	1020
玄海	900	1130
川内	930	1290
敦賀	630	920
東海第二	370	440
合計	14870	20740
六カ所再処理工場	2970	3000

『はんげんぱつ新聞』2017年11月号より

す号機間移送やプールの共有化も行なわれています。それでも原発を動かす限り、使用済み核燃料は生み出され続けて、貯蔵限度に迫ることが避けられないのです。

そして、冷却に失敗すれば大惨事をもたらしかねないことが福島原発事故でクローズアップされました。そんなプール貯蔵に比べれば多少なりとも危険度の小さい乾式貯蔵（放熱効果のある容器に入れて、空気で冷やす）への移行が急務とされています。

福島第一原発や東海第二原発では、敷地内に乾式貯蔵施設がつくられ（福島では津波で一時水没、継続使用は不能に）、浜岡原発や伊方原発でも設置が申請されました。玄海原発でも検討中と言われます。関西電力は二〇一七年一一月二三日、大飯《おおい》原発3、4号機の再稼働に福井県の同意を取りつけるため、使用済み燃料中間貯蔵施設の県外立地地点を一八年中に提示すると約束しました。

こうした動きは、再処理計画が破綻して六ヶ所再処理工場に使用済み燃料を運び込めず、原発内のプールが満杯《まんぱい》になって原発を動かせなくなる事態を見越してのことです。つまり、安易な乾式貯蔵計画は、原発を延命さ

各社の原子炉建屋外使用済み燃料貯蔵

日本原子力発電	東海第二に250トンU乾式貯蔵施設運用中
	青森県むつ市に乾式貯蔵施設（3000トンU）建設中。年内操業開始を計画 （最終規模5000トンU） 東電：80%、原電20%
東京電力	福島第一の74トンU乾式キャスク貯蔵施設は継続使用困難。屋外に乾式キャスク仮保管設備を増設、共用プールから移送中
中部電力	浜岡に400トンU乾式貯蔵施設設置申請中
関西電力	福井県外に2000トンU貯蔵施設設置計画（共同・連携ふくむ） 20年ころ地点確定、30年ころ操業開始
四国電力	伊方に500トンU乾式貯蔵施設設置申請中
九州電力	玄海に乾式貯蔵施設設置検討中

※Uはウラン重量の意。

『はんげんぱつ新聞』2017年5月号より

せるものとなってしまいます。福島第一原発に急ごしらえされている建屋なしの仮置場方式を浜岡原発で採用しようとしているように、安全は二の次とされるでしょう。

使用済み燃料の乾式貯蔵は、脱原発とセットになってこそ、意味をもつのです。

ロシアに使用済み燃料を

来世紀の原子力について考えると、使用済み燃料の貯蔵・管理が各国共通の課題だ。基本は各国が責任を持って進めていくべきだが、核不拡散の観点や政治状況から一国主義では難しい国もあるため、国際的な協力による共同貯蔵場で対応するということが考えられる。その立地候補地として挙げられるのがロシアだ。ロシアは土地価格や人件費が安い一方、十分な技術力を有しており、必要な条件はそろっている。こうした枠組みが実現すれば、核軍縮に必要な経費を稼ぐことも可能だ。わが国にとっては、国際貢献を果たすと同時に、バックエンドに柔軟性を持たせることにもつながる。（鈴木篤之＝東京大学教授—一九九九年二月三日付電気新聞）

Q17 核融合に期待するのは間違っていますか？

核融合こそ究極のエネルギー源、と言われたりします。クリーンなエネルギーとも宣伝されています。本当のところはどうなのでしょうか。

核融合のしくみ

プルトニウム利用がだめなら核融合《かくゆうごう》がある――と考えられるかもしれません。核融合はよく「地上の太陽」と呼ばれます。水素同士あるいは水素とヘリウム、水素とリチウムといったように、軽い原子の原子核がいっしょになって別の原子に変わるのが核融合で、そのときに大きなエネルギーを出します。太陽ばかりでなく、星のエネルギーとして知られています。この核融合を地上で起こして、エネルギーを発電に利用しようというのが、核融合発電。とはいえそれは、かんたんなことではありません。

原子はまん中にプラスの電気を持った原子核があり、そのまわりをマイナスの電気を持った電子が回っています。核融合はその原子核と原子核がぶつかって起こるのですが、プラスの電気を持つ原子核同士はお互いに反発しあって、ぶつかってくれません。そこで、原子核と電子がバラバラになって飛び回るような状態が必要となります。気体になる温度よりはるかに高い超高温になると、そういう状態＝プラズマ状態がつくられます。高温になればなるほど飛び回る動きが激しくなって、原子核同士の反発する力をふりきって衝突することになるのです。

ところが、そんなプラズマを閉じこめなければ、たちまち飛び散ってしまってエネルギーを取り出すことなんてできません。太陽や星の場合は、強力な重力のおかげでプラズマが飛び散ってしまうようなことは起きないのですが、「地上の太陽」にはそんな力はないのです。では、何を使って閉じこめたらよいのでしょうか？　何しろ一億度以上の高温にするのですから、ふつうの容器では溶けてしまって、容器そのものがプラズマになってしまいます。

プラズマを閉じこめるには、磁石を使って強い磁力線をつくり、その中に閉じこめる方法と、レーザーを使って燃料を圧縮し、燃料の中心から核融合を起こさせる方法があります。といってもどんなふうに閉じこめるの

核融合のしくみ（一例）

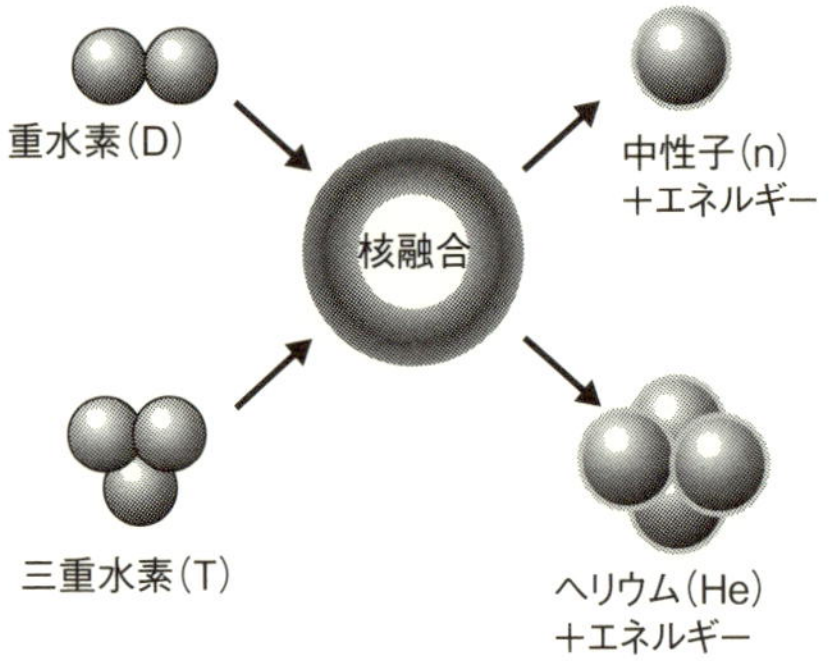

か想像しづらいでしょうけれど、ともかく、そんな方法で閉じこめることになります。いずれにしても、これがまた、たいへんなことなのです。

核融合の現実

核融合について書かれた新聞記事を読むと、一秒閉じこめるのに成功したとか、数秒まで閉じこめられたとかいう記述が出てきます。それで大成功なのです。

核融合は、いまだ各国で実験炉ないしそれ以前の段階です。国際協力の実験炉計画として、ＩＴＥＲ（イーター）があります。ＩＴＥＲとは国際熱核融合実験炉の英語の略称で、一九八五年一一月二〇日にアメリカのレーガン大統領と当時のソビエト連邦のゴルバチョフ大統領が首脳会談を行なった際、核融合研究開発の推進に関する共同声明を出したのが出発点です。当時のＥＣ（ヨーロッパ委員会）と日本が加わり四極協力で実施することになったのですが、途中でアメリカが抜けたり戻ったり、カナダが加わったり離脱したり、中国、韓国、インドが参加したりとめまぐるしく極の数が変わりました。現在は、ＥＵ（ヨーロッパ連合）、日本、アメリカ、ロシア、中国、韓国、インドの七極となっています。

二〇〇五年六月二八日、建設地がフランスのカダラッシュに決まりました。カダラッシュに決まる前には、日本国内でも北海道苫小牧《とまこまい》市、青森県六ヶ所村、茨城県那珂《なか》町と三つの候補地があり、二〇〇二年五月に閣議決定で六ヶ所村に一本化されていました。

実は六ヶ所村を候補地と決めたときに「日本は誘致《ゆうち》を断念した」と言われました。六ヶ所再処理工場の建設を進めるため、ITER誘致は事実上捨てて青森県の顔を立てたという話です。高速増殖炉のためという見方もありました。ITERを国内に誘致されたら、他の原子力関係予算は大幅に圧縮されるから、候補地は「負けるところがよい」というわけです。とはいえ、誘致を断念した見返りに、六ヶ所村には国際核融合エネルギー研究センターがつくられていて、多額の負担を強いられています。

核融合はクリーンか

核融合を原子力発電と比べて「クリーン」だと言う人もいます。大きな事故のときに出てくる放射能で比べれば、原発より少ないことは確かで

国際核融合エネルギー研究センター
核融合原型炉に必要な研究開発の中心的拠点としての役割を果たすことを目指したプロジェクト。費用の半額が日本負担。

しょう。ただし、日常的な放射能漏れは、原発を上回りそうです。後に原子力委員長となる藤家洋一名古屋大学プラズマ研究所教授は、こう言っていました。「核分裂発電所と核融合発電所を同じ条件のサイトに建設したとすると、どちらが安全かと聞かれると答えに窮する。〝良く分りません〟と答えるしかない。全然分らないかと聞かれたら〝事故時については核融合炉の方が楽かな、通常時については核分裂炉の方が楽かな〟と小声で答えることになるだろう」（一九八〇年八月七日に右研究所で開かれたシンポジウム「核融合炉設計と評価に関する研究」の報告集）。

原発では、放射能の多くは、いちおうは燃料棒の中に閉じこめられています。ところが、核融合炉では、放射性物質である燃料のトリチウムが、装置内のいたるところを気体や液体の形で動き回っているのです。気体のトリチウムは、吸入により肺組織を被曝させるほか、腸内の細菌などによる酸化によってトリチウム水となり、体内にとどまります。環境中に出たトリチウムは大部分がトリチウム水となり、飲食物の摂取《せっしゅ》、トリチウム水蒸気の吸入、および皮膚からの吸収によって容易に体液に取り込まれます。体液中のトリチウムの一部は、細胞内で有機物に取り込まれ、有機結合性

ＩＴＥＲ費用は掛け捨て保険料

幅広い意味での環境負荷や大規模エネルギーとしての供給安定性、原理的な安全性の面などで優れる核融合エネルギー研究開発に対して行う投資は、あたかも人類の将来の自由度を保証するためのものであり、例えれば保険料のようなものであると見做すべきことになろう。

したがってこの投資は、未来の人類社会をエネルギー多消費型に誘導するという意味を全く持つものではないと解釈されるのであって、他方で、人類社会は、省資源型のライフスタイルを誠意をもって希求すべきなのである。そして仮に、新たなエネルギーを必要としなくなったら、核融合エネルギーは技術的に完成していたとしても実用化されることはないであろう。その時人類は、この投資を無駄な投資で損をしたとは思

軽水炉と核融合炉の除染後の放射性廃棄物量の比較

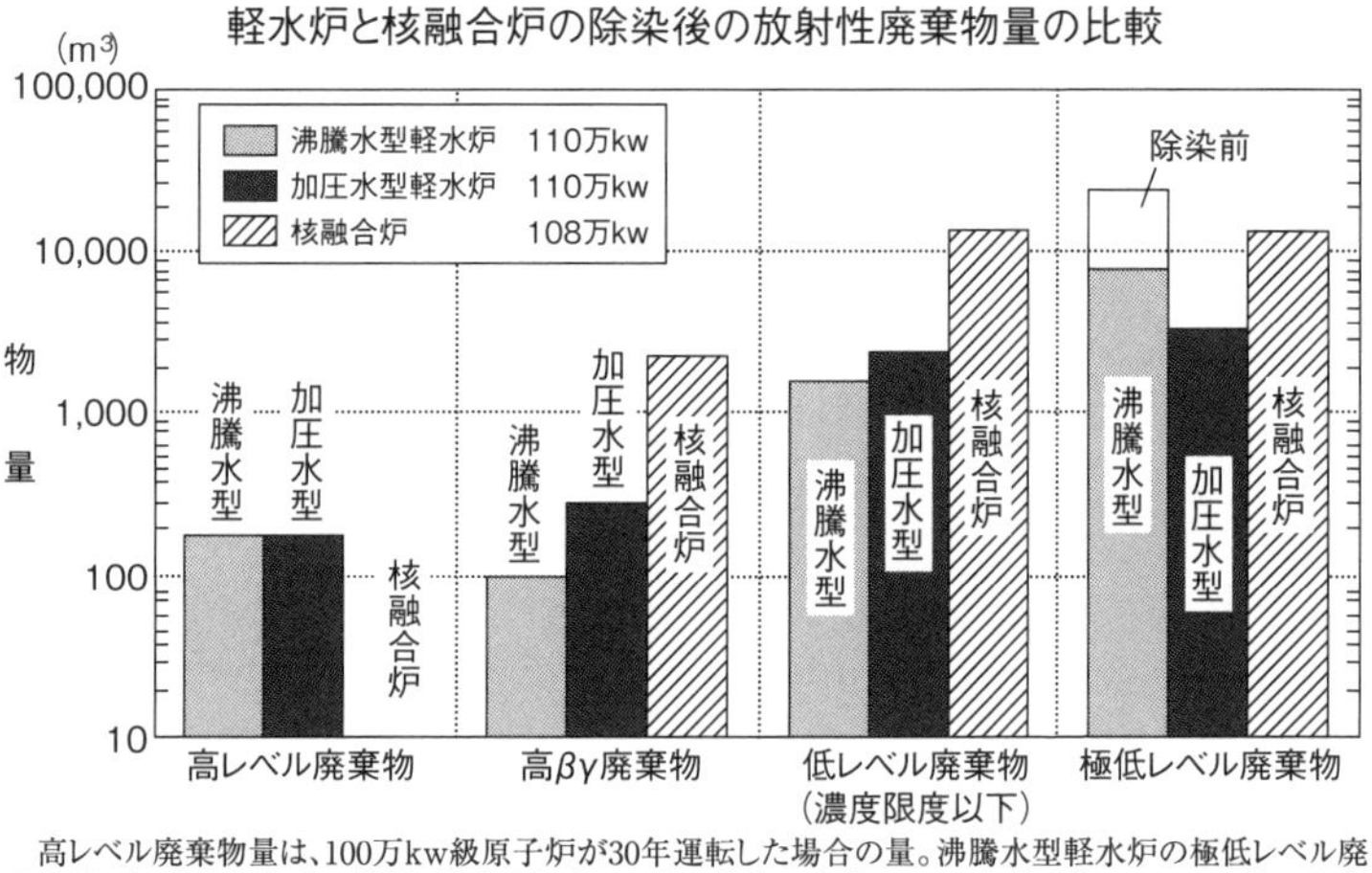

高レベル廃棄物量は、100万kw級原子炉が30年運転した場合の量。沸騰水型軽水炉の極低レベル廃棄物量は解体後除染前の数値。核融合炉（SSTR）の数値は本体のみで、生体遮蔽コンクリート等の建家部分や周辺機器は含まない。核融合炉の極低レベル廃棄物にはクリアランスレベル以下のものも含まれる

評価は日本原子力研究所が計画している原型炉SSTRについてのものだが、ITERでもこの評価とほぼ同じと考えられている。

「核融合エネルギーの技術的現実性計画の拡がりと裾野としての基礎研究に関する報告書」（核融合会議開発戦略検討分科会、2000年5月13日）より、一部加筆

トリチウムとなります。有機結合性トリチウムは、トリチウム化した食物の摂取などでも体内に取り込まれます。

生物に与える被曝の影響をセシウム―137の出す放射線などと比べた場合、トリチウムが出す放射線では二倍以上大きいことが、多くの研究で明らかになっています。体内に取り込まれた放射能による被曝では、有機結合性トリチウムは、気体の

わない。何故ならそれは保険料だからである。（原子力委員会ITER計画懇談会報告書案、二〇〇一年三月三〇日）

公共投資と比べれば…

ITERは公共投資の十数兆円に比べれば一年間四〇〇～五〇〇億円の予算規模であり、決して突出した額ではない。確かにこれを研究予算という次元で見れば、巨費であろう。しかしながらITERは通常の研究開発とは性質を異にする国際プロジェクトであるとしなければならない。

（宮健三＝東京大学大学院教授・ITER計画懇談会委員―『原子力システムニュース』一一巻三号）

トリチウムやトリチウム水より、さらに影響が大きくなります。特定の器官にとどまり、長期にわたって被曝をもたらすのです。

核融合炉ではまた、強い放射線が当たって機器が放射能を持ってしまうため、放射性廃棄物も、原発よりさらに多く発生します。発生当初はとくに放射線レベルが高く、人が触れれば死に至るような危険きわまりないものです。

Ⅳ 原発のメリットは

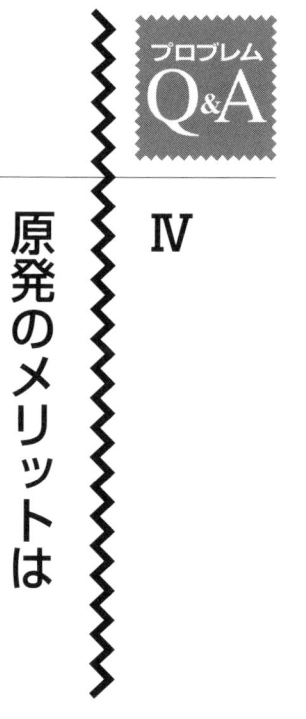

Q18 問題点さえ克服できれば、原子力には大きなメリットがあるのでは？

燃料のウランの供給が安定していて、「国産エネルギー」に数えられる原発。さまざまなメリットを考えれば、問題点を克服して利用するのがよいのでは。

問題点の克服はできるのか

原子力委員会が二〇〇〇年一一月にまとめた「原子力の研究、開発及び利用に関する長期計画」には、こうありました。「原子力の開発利用に伴って、核拡散、安全性、放射性廃棄物処分の問題が生じている。今後これらの諸問題を社会が受容できるよう人類が管理し、あるいは解決することができるのかが、社会から今日改めて問われている」。

二一世紀にはこれらの問題を解決しうるという主張でしたが、その根拠は一つとして示されていません。二一世紀に入って十数年が経った今、解決どころか、より深刻化していることは贅語《ぜいご》を要しません。原子力発電の本質にかかわる問題である以上、解決不能と考えるのが理にかなっているでしょう。そして、原子力発電が抱える問題は核拡散、安全性＝危険性、放射性廃棄物の後始末の三点に尽きるわけでは、もちろんありません。

原子力は「国産エネルギー」？

とすると、「問題点さえ克服できれば」という仮定が間違いだと言わざるをえません。それでもあえて原子力のメリットを挙げてみましょう。よく言われるのは、①少しの燃料でたくさんの電気がつくれる、②燃料のウランの供給が安定している、③二酸化炭素を出す量が少ない——といったことです。①と③についてはこのあと別に見ることにして、ここでは②について考えてみましょう。

日本はいろいろな国とウランを売ってもらう約束をしているから、燃料の心配が少ないというのは、その通りです。別の言い方をすると、日本の国内には燃料として使えるウランはなく、一〇〇パーセントが輸入品だということです。

ところが奇妙なことに、政府や電力会社のパンフレットでは、原子力は「国産エネルギー」に数えられています。ウランを燃料として原子炉内

虚妄のエネルギーセキュリティ

わが国では、プルトニウムを準国産エネルギーと見て、もっぱらエネルギーセキュリティ上のメリットが強調されているが、国際的には通用しない議論だといわざるをえない。（原子力未来研究会─『原子力eye』一九九八年五月号）

「準国産エネ」の新定義

原子力は国内の技術力と、安全に運用する「人間力」で作る準国産エネルギーです。（山名元＝京都大学名誉教授─『日経エコロジー』二〇一五年六月号）

で燃やすと、燃料の中にプルトニウムが生まれ、このプルトニウムの一部も炉内で燃えています。また、使用済みの燃料から取り出したプルトニウムでＭＯＸ（プルトニウム・ウラン混合酸化物）燃料をつくることができます。だから「国産」なのだそうです。

戦時にこそ原発を！

それだけでは根拠が薄弱《はくじゃく》だと思うのでしょうか、ウラン燃料は原子炉に入れて数年は燃やせるからと説明する人もいます。それがどうして「国産」なのかは、わかりません。

ちなみに、原子炉に入れて数年は燃やせることのメリットを一九八六年一二月号の『エネルギーいんふぉめいしょん』で、科学技術庁の原子力局長から日本エネルギー経済研究所に転じた生田豊朗同研究所理事長が、こう語っていました。「原子力のどの部分がセキュリティに有効かというのは、人によって意見が違うと思うんですけれども、私は燃料を装荷して一年半とかもちますから、あれが一番だと思っているんです。一年半経ってどうかというと、一年半輸入が止まってしまったら、原子力発電だけ動い

科学技術庁
科学技術政策を推進するために設けられた総理府の外局で、原子力政策を中心的に担ってきたが、中央省庁再編で文部省に吸収され、文部科学省となった。原子力政策の中心は経済産業省に移った。

日本エネルギー経済研究所
エネルギー関連企業が共同出資し、エネルギー問題に関する調査や研究活動を行なうために設立した研究所。

ていても、食糧とかほかのものがみんなだめになって壊滅《かいめつ》するわけですから、そういう意味では強いと思いますね」。

どういうことかというと、日本が戦争をするようになって、一年半くらい物資の輸入が途絶えても、原発は動かせるというのです。それ以上戦争が長引くようだったら、発電ができようができまいが、どのみちオシマイです、と。

そんなことをメリットに数えなくてはならないほど、原子力開発を進める理由はなくなっています。ただ、走り出しちゃったから止まらないのです。

原発だけでは電力需要に合わせた調整ができないとか、戦争になったら、原発が格好の標的となり、核攻撃よりもひどい被害がありうる、原発は「自国内に置かれた敵国の核兵器」なのだと反論するのも空しい気がします。

Q19 ウランからは石油の一八〇万倍ものエネルギーが取り出せるか？

原発は、ほんの少しのウランからたくさんの電気をつくることができます。これこそ文句無しのメリットではないでしょうか。

エネルギーの大きさくらべ

少しの燃料でたくさんの電気がつくれることを示すのが、「ウランと石油のエネルギーの大きさくらべ」の図です。でも、ウラン―235で比べるのはおかしいでしょう。核分裂をするのはウラン―235でも、燃料はウラン―235だけでできているわけではありません。

加圧水型原発の場合を例にとると、ウラン―235一グラムをふくむ燃料用ウランは、四・一パーセント濃縮ウランにして二四グラムに相当します。二四グラムの濃縮ウランを得るためには、天然ウラン約二〇〇グラムが必要で、その天然ウラン二〇〇グラムを得るためには、ウラン鉱石一二〇キログラムほどが必要となり、そのためにはさらに二倍～一〇倍ものウラン

ウランと石油のエネルギーの大きさくらべ

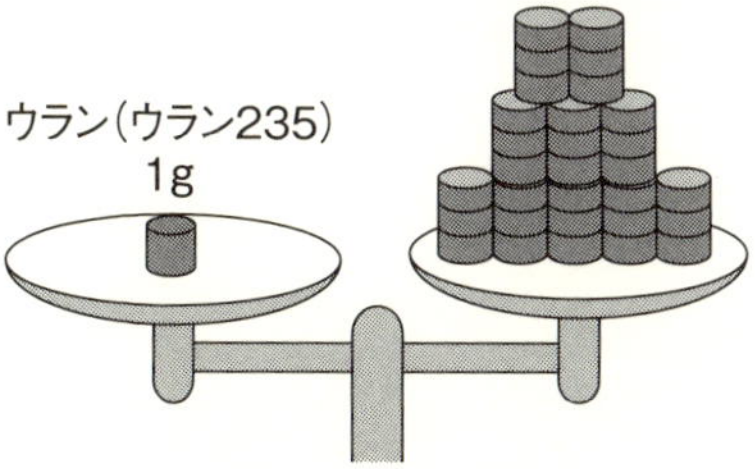

茨城県『小学生のための原子力ブック』より

残土（鉱石くず）をあわせて掘り出す必要があります。大量のごみをつくって、ようやくウラン燃料となるのです。

ウラン―235と石油を比べると石油の必要量は一八〇万倍だったものが、濃縮ウランで七万五〇〇〇倍、天然ウランで九〇〇〇倍、ウラン鉱石で一五倍、残土までふくめれば一・五〜七・五倍と、石油の量と大きな違いはなくなってしまいます。

さらに言えば、燃料のさやや、さやを束ねたり支えたりするのに使われる金属なども必要です。その金属を取り出すには……と考えていくと、むしろ石油の量を超えてしまいそうです。

ＪＣＯ臨界事故

とはいえ、ウランから取り出せるエネルギーが大きいことは確かです。それを最悪の形で示したのが、一九九九年九月のＪＣＯ臨界事故《りんかいじこ》でした。九月三〇日午前一〇時三五分、茨城県東海村のジェー・シー・オー（これが正式な社名）の施設で、二人の労働者が被曝する最悪の臨界事故が発生しました。核分裂の連鎖《れんさ》反応がつづく臨界は原子炉のなかでだけ許されて

臨界事故
核分裂連鎖反応が自発的に持続する状態が保たれていることを臨界と言う。臨界が起きてはいけないところで臨界となるのが臨界事故である。

いることで、起きてはいけないところで臨界となるのが臨界事故です。ウランを硝酸に溶かした液を沈《ちん》殿《でん》槽《そう》に入れたときに起こったことから、「沈殿槽が『原子炉』に」と見出しをつけた新聞もありました。ＪＣＯでは、そんな臨界事故をまったく想定しておらず、臨界事故に対する対策も用意していませんでした。

臨界事故が起きたのは、ウラン―235が一八・八パーセントに濃縮されたウランを大量に沈殿槽に入れたためです。そして、これまで海外の軍事用再処理施設などで起きていた臨界事故と違い、臨界が瞬時に終わらずに、翌朝まで二〇時間近くも続いたのです。

この間、強い中性子線とガンマ線、核分裂で生まれた放射能の放出がつづき、ＪＣＯや関連会社の労働者五九人のみならず、重体の被曝者を救急車で運んだ消防職員三人や敷地外のゴルフ場資材置き場にいた住民七人らの被曝が確認されました。

一〇月一日早朝には、臨界を止めるために、沈殿槽のまわりの冷却水を抜き取る作業を「志願」の労働者が行ないました。法令に定められた緊急時被曝の限度である一〇〇ミリシーベルトをも超える被曝を前提とし

中性子線
原子核から飛び出してくる中性子の流れ。

ガンマ線
原子核から飛び出してくる、きわめて波長の短い電磁波。

緊急時被曝
事故時の人命救助、財産保護などの緊急作業で受ける放射線被曝。

た「超法規的決断」でした。結果として限度を超えなかったと科学技術庁（現・文部科学省）では強弁していますが、いくつもの仮定を置いた計算で導いた被曝量による主張で、とても信用はできません。現に、労働者は身につけていた線量計では最大で一二〇ミリシーベルトでした。ともあれ、この作業で一八人の被曝が確認されています。沈殿槽内へのホウ酸水注入や施設の周りへの土のう積みなどでも、六一人の労働者の被曝が確認されました。

施設外にも強い放射線と放射能が放出されて、半径三五〇メートル以内の住民約一六〇人が避難、半径一〇キロメートルの住民約三一万人が屋内に退避する大事故になりました。二キロメートル先まで中性子線は観測され、中性子線に照射されて家庭の食卓の塩が放射化したりしました。科学技術庁が認めた住民（半径三五〇メートル以内の居住・勤務者）の被曝者は、前出の七人を含めて二〇六人とされています。事故時に居合わせたJCO・関連会社の労働者は一四五人、国・自治体関係者、報道関係者、一時滞在者を含めた被曝者の総計は六六六人に達しました。「少なくとも六六六人」と考えるべきでしょう。

ホウ酸水
ホウ酸を溶かした水。中性子を吸収し、核反応を停止させるためのホウ素を原子炉内に注入するのに用いられる。

放射化
高いエネルギーの放射線が当たった物質が放射能をもつようになること。

わずか一〇〇〇分の一グラムのウランで

ＪＣＯの臨界事故は、わずか一〇〇〇分の一グラムほどのウランの核分裂が大きな被害をもたらしました。原子力発電所では、一日当たり二キログラムくらいのウランが核分裂をしています。

Q20 石油はあと四〇年でなくなるのに、ウランなら七〇年以上も使えるのでは？

ウランのほうが石油より長持ちするという図を見ました。石油がいずれはなくなってしまうと考えるなら、ウランに頼ることが必要なのでは。

可採年数とは

私たちがこれからもエネルギーを使い続けていけるのかの一つの目安が、エネルギー資源の量です。石炭や石油、天然ガスは古代の生物の死骸の化石であるとして「化石燃料」とか「化石エネルギー」とかと総称されます。使っていけばいつかは無くなってしまう「枯渇性《こかつせい》エネルギー」「限りあるエネルギー資源」です。原子力発電に使われるウランも、枯渇性で、限りあるエネルギー資源です。

一四一ページの図には、それぞれのエネルギー資源の量が「可採年数」で示されています。可採年数というのは、ある年の年末の確認埋蔵量（発見ずみで、かつ確実に採掘可能な量）を、その年の生産量で割ったものです。

ここで資源の量について、説明をしておきましょう。

たとえば石油の埋蔵量としては、確認埋蔵量の他に未確認埋蔵量（推定量ないし予想量あるいは発見期待量）があり、また、お金と技術の追加によって二次回収、三次回収ができるとする期待追加可採量があります。これらを合わせて究極可採埋蔵量と呼びます。未確認のものが確認されたり、発見ずみの油田からより多くの石油を回収できることになったりすれば、確認埋蔵量が増えて可採年数も増えることになります。

埋蔵量は増えたり減ったり

かつては二〇年ももたないとされていた石油の可採年数は、その後大きく増えて、長い間、三〇年前後とされてきました。八〇年以降は増加に転じ、八七年には一挙に一〇年増えて四四年とされてます。九〇年代後半からは、またじょじょに減少したり少し増えたりしています。八七年に増えたのは、ＯＰＥＣ（石油輸出国機構）が各国の確認埋蔵量を生産枠の設定の基準とすることにしたからで、それ以前にはむしろ埋蔵量を小さく言うことで価格の維持が図られていました。つまり確認埋蔵量は、輸出国や国際

世界のエネルギー資源の可採年数(生産量:2014年、埋蔵量:2014年末)

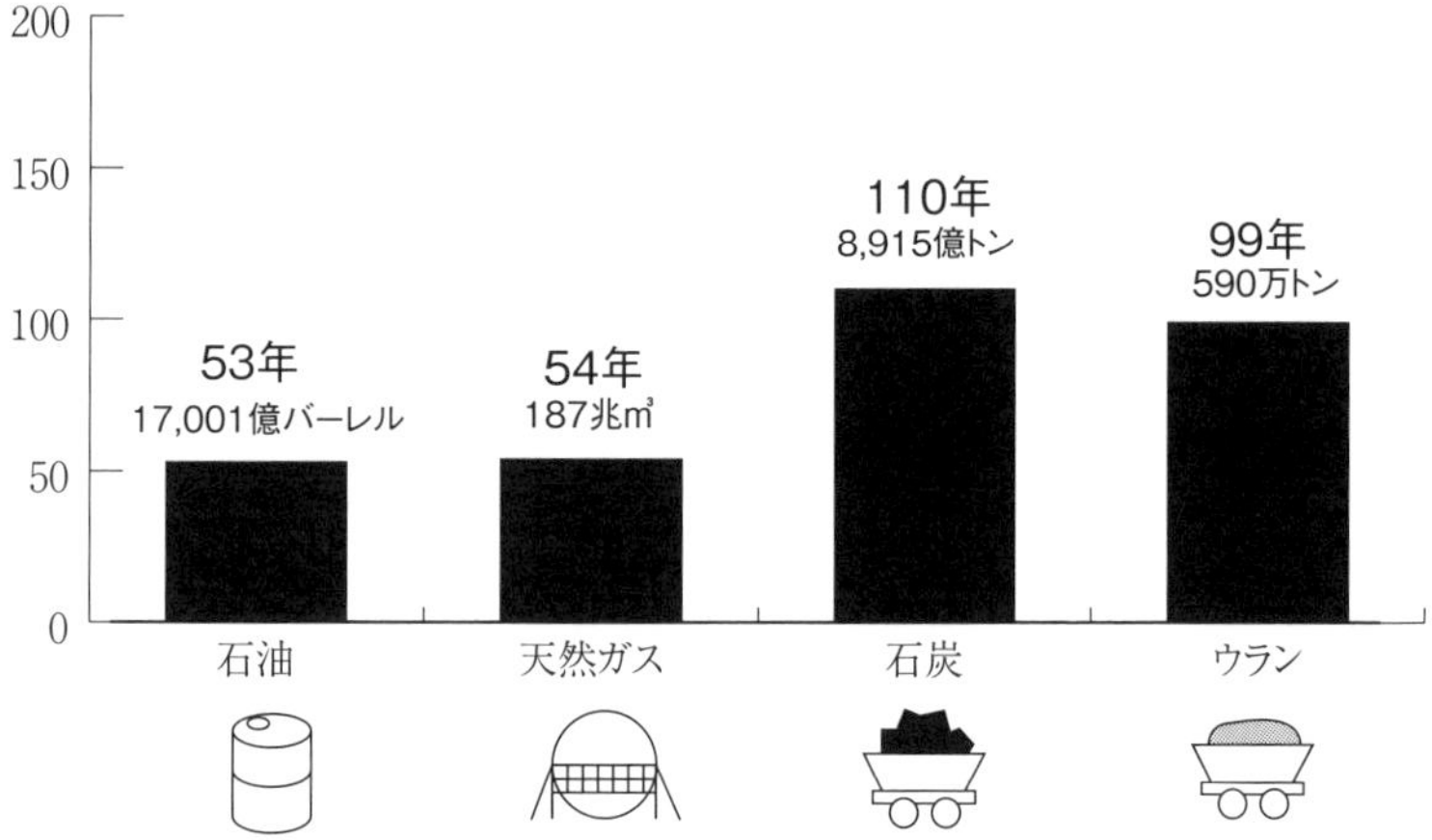

石油・天然ガス・石炭：“Statiscal Review of World Energy June2015”による
ウラン：OECD/NEA, IAEA “URANIUM 2014” “Nuclear Enegy Data2014”による
※可採年数＝確認埋蔵量÷年生産量
※ウランの確認可採埋蔵量は2013年1月1日時点、費用＄130/kg未満。生産量は2013年見込み。

『原子力ポケットブック』2015年版より

世界のエネルギー資源の確認埋蔵量(石油換算)

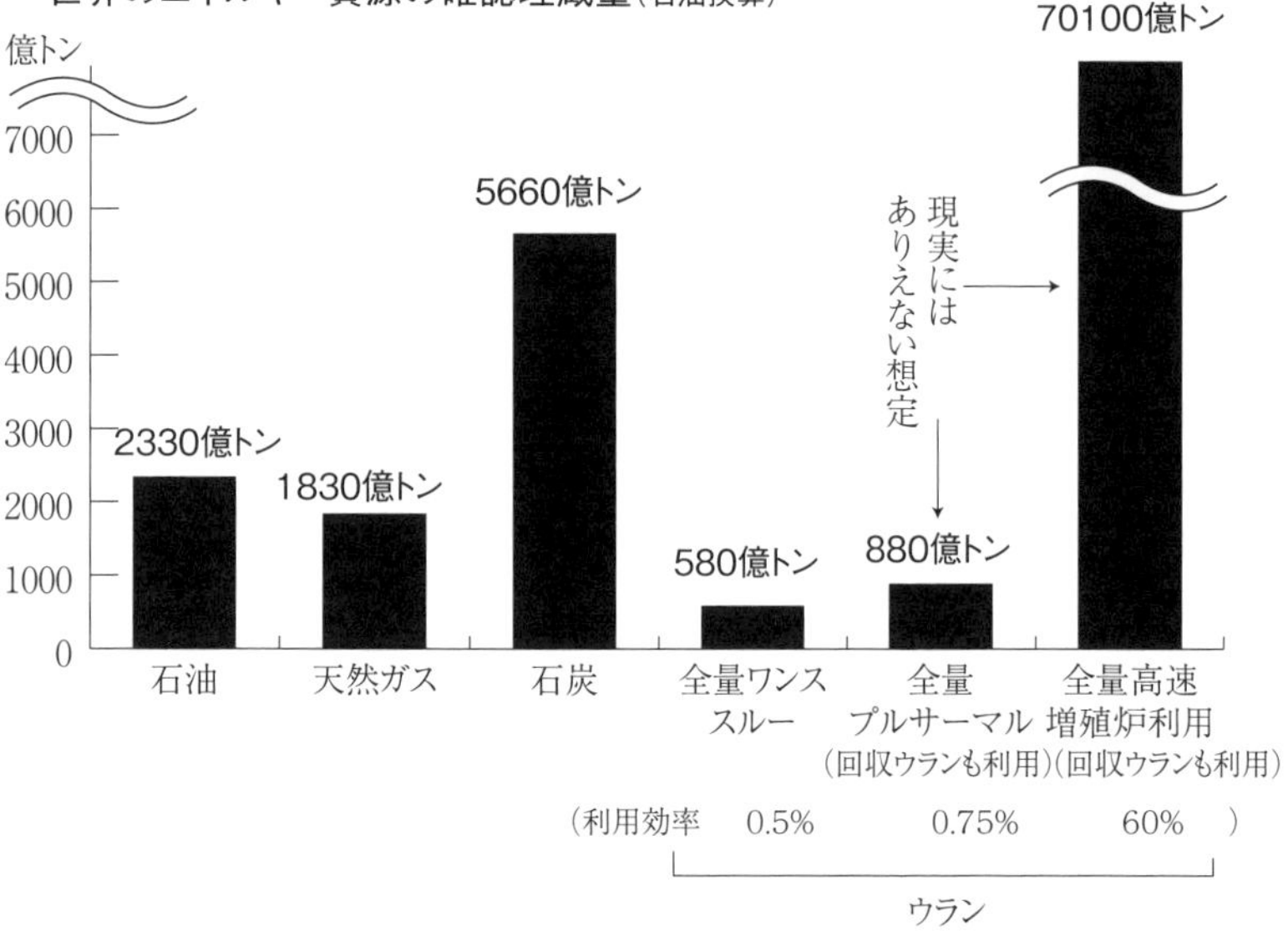

上段の資料を基に作成。ウランの利用効率は原子力委員会『核燃料サイクルについて』(2003年8月)より

原子力資料情報室編『原子力市民年鑑2016-17』(七つ森書館より

石油資本（メジャー）の都合でも増えたり減ったりすることになるのです。

資源の量で比べると

確認埋蔵量が多くても、たくさん使われていて年間の生産量が大きいと、可採年数は短くなります。石油がよい例でしょう。だから前ページの上図は、石油がなくなった後も、ウランで三〇年くらい供給できるなどということを示しているのでは、まったくありません。

それでは、資源の量そのものを示すデータはないでしょうか。前ページの下図は、世界のエネルギー資源の確認埋蔵量です。電気事業連合会の『コンセンサス』というPRパンフレットに載っていましたが、いつの間にか載らなくなりました。そこで『総合エネルギー統計』からつくったものです。先に説明した通り、数字は必ずしも信用のおけるものではありません。それでも、高速増殖炉でウランを六〇倍に有効利用するという《夢》がダメとなれば、天然ウランをただ使い捨てるだけとなり、ウランの資源の量は石油よりはるかに少ないことがわかるでしょう。

総合エネルギー統計
エネルギーに関する各種統計の合成統計。資源エネルギー庁により作成されている。

Q21 「原発は地球にやさしいエネルギー」ではないのですか？

原発は、地球の温暖化を防止する「地球にやさしいエネルギー」だと言われます。環境保護のために原発を推進すべきではありませんか。

原発も二酸化炭素を発生させる

地球の温暖化を緩和するために原発がよいとされる理由は、温暖化の主な原因物質の一つである二酸化炭素を少ししか出さないと考えられるからです。確かに、原発と火発（火力発電所）を一基ずつ並べて、さてどちらがたくさん二酸化炭素を出しますかと問われれば、誰もが火発のほうが多いと答えるでしょう。燃料に何を使うか、燃やし方はどんな方式かによって、数値は大きく変わるにせよ、化石燃料の燃焼が大量の二酸化炭素を出すことは間違いありません。

他方、原発では、ウラン燃料の核分裂からは二酸化炭素は出てきません。しかし、原発は鉄とコンクリートのかたまりです。電力中央研究所の報告

電力中央研究所
電力技術研究・経済社会的研究のために電力会社が共同で設立した研究所。

『ライフサイクルCO_2排出量による発電技術の評価』によれば、一〇〇万キロワット級の原発一基あたりの鉄鋼の使用量は約八万トン、コンクリートは約八〇万トンとか。鉄やコンクリートをつくったり運んだりするのに、かなりの量の二酸化炭素を出します。燃料をつくり、燃やしたあと始末をするのにもエネルギーが消費され、二酸化炭素を出します。

けっきょく、あと始末をどれくらいきちんとするかで、原発の出す二酸化炭素の量は決まってくるでしょう。何十万年もの間、放射能のごみを安全に管理しつづけようとすれば、火発よりも多くの二酸化炭素を出すことにだってなるかもしれません。

原発を増やすと火発も増える

いずれにせよ、原発と火発を一基ずつ比べることは、現実にはほとんど意味がありません。意味を持つとしたら、原発を増やした分だけ火発が減るという場合だけでしょう。残念ながら、それはありえません。原発を増やしていく社会は、火発も増やす社会なのです。一方、原発をやめていく社会は、火発も減らす社会です。とするなら、どちらが二酸化炭素を余計

電気新聞は正直

極端にいえば、経済政策上の温暖化対策は、経産省と電力業界が一体となって進めてきた原子力推進のための口実だった。（二〇一一年二月三日付電気新聞「電力改革の行方」第一部③）

電力会社の本音

温暖化だけ目を奪われても。伸びぬ需要。闇雲につくる訳には。（「デスク手帳」―二〇〇七年六月二〇日付電気新聞）

に出すのかの比較は、原発を増やしていく社会と原発をやめていく社会の間で比べなくてはならないと思います。

なぜ、原発を増やしていく社会は、火発も増やすことになるのでしょうか。そこに、原発というエネルギー源の特異さがあります。原発は小回りがきかず、一〇〇か〇か、すなわちフル出力で動かすか運転を止めるかのどちらかしかできません。

原子力の発電比率が高いフランスなどでは夜間だけ出力を下げたりしていますが、刻一刻と変化する電気の需要に合わせた調整は、火力や水力の発電所に頼るしかありません。原発が自立できない不便な発電所であるために、原発を増やすときには、他の発電所も増やすことが必要になるのです。

おまけに、原発はエネルギー供給源としてはきわめて不安定で、ひんぱんにトラブルを起こして停止します。そのたびに大きな出力が失われ、遊んでいる発電所がすぐに出力を上げて助けてくれなければ、大停電となります。この点でも、原発を増やすときには他の発電所も増やすことが必要になるわけです。

二一世紀のエネルギーは?

二〇〇〇年ぐらいまでは原子力が主力で、二一世紀に入るころには、石炭のほうに移行していくのではないかと考えています。（依田直＝東京電力常務—日商岩井『Ｔｒａｄｅｐｉａ』一九八八年三月号）

民間企業のビジネスとしては、原子力はもう日本では無理だろう。電力会社にとっても石炭火力のほうが合理的なので、このままでは日本から原子力産業は消滅する。（池田信夫＝アゴラ研究所所長—『ＪＢ ＰＲＥＳ Ｓ』二〇一八年五月一一日配信）

省エネルギーに逆行する原発

それでも、ともかく原発が発電できる最大量を供給し、火発は需給の調整やバックアップに限定すれば、二酸化炭素の量は減らせそうです。

ところが、それも「ノー」です。原発を増やすには、電力の需要を増やすことが必要です。そもそも原子力は、他のエネルギー源と違って、電気の形にしてからでなくては利用できません。原子力自動車も原子力ストーブも存在しないことは、周知の通りです。そこで、原発の増加は、エネルギーの利用形態を電気中心に変えていくこと（電力化）で初めて成り立ちます。原発というエネルギー源の特異さの一つです。

その上、原発を増やせば他の発電所も増えるのですから、ますます電力化をうながすことになります。電力化とは、すなわち非効率化です。電気をつくるとき、原発では発熱量の六五パーセント以上、火発でも約六〇パーセントが、排熱として捨てられています。熱をむだに捨てながら一部を電気に変え、その電気を熱として利用するような不合理なことをしていては、エネルギー利用の効率が悪化します。省エネルギーのためには、何で

原発を建てるにはまず電化率増強

原子力は発電といいますか、一種の発電用燃料としてしか使えない、という制約があるわけですね。……やはり電化率を上げるということが原子力政策の前になければならないと思います（生田豊朗＝日本エネルギー経済研究所理事長・元科学技術庁原子力局長―『原子力工業』一九八三年四月号）

も電気でという考えを改め、用途に応じて適切なエネルギー源を選ぶことが大事なのです。

つまり原発は、電力化をすすめることで質的に省エネルギーに逆行し、電力消費の拡大をすることで量的に省エネルギーに逆行すると言えるでしょう。エネルギーの多消費こそが地球の温暖化やさまざまな環境破壊の元凶であると考えるなら、原発は、問題をより深刻にすることはあっても、解決に導くことはありません。

むしろ原発をやめてこそ、電力化にブレーキをかけて各種のエネルギーを効率よく利用する道が開けます。原発に注ぎこまれている巨額の資金を有効に使うこともできるでしょう。

本気で地球温暖化を防ぐには

ヨーロッパの各都市などでは、自動車の利用をしにくくし、その代わりに公共交通や自転車の利用がしやすいようにして二酸化炭素の排出を抑制しようという試みなどがさまざまになされています。一方、日本では「自動車交通の円滑化」などという、むしろ自動車利用の拡大をすすめるものが温暖化対策として堂々と言われています。道路建設が地球温暖化対策だなんて、洒落《しゃれ》にもなりません。それどころか、福島原発事故の前までは、原発立地のための交付金などが、環境省の温暖化対策予算に堂々と計上されていました。

本気で二酸化炭素の排出を抑制しようというのなら、まず石炭火力の建設をやめるべきです。ところが現実には、原発ともどもというか、原発以上に石炭火力発電所を増やそうというのが電力会社の計画です。

原発や石炭火力のような大規模電源を中心とした電力供給システムは、再生可能エネルギーの普及の妨げとなります。実際に、原発を優先的に動かすため、再生可能エネルギーの供給が制限されています。加えて、原発が多額の税金を独り占めしていることは、省エネルギーや再生可能エネルギーの邪魔《じゃま》をし、その意味でも地球温暖化対策に逆行しています。

何よりエネルギー消費を小さくすることが、地球温暖化や公害を防止する上でも、安定したエネルギー供給のためにも、たいせつです。

人それを屁理屈《へりくつ》と呼ぶ

日本が欧州連合（EU）同様に脱石炭を進めると、アジア諸国・地域の石炭技術の向上に支障を来し、アジアでの二酸化炭素（CO_2）排出量の抑制が難しくなる。アジアのCO_2排出量の抑制には石炭火力、なかでも石炭ガス化複合発電の早期実用化を進め、普及を急ぐべきだ。日本は良質の石炭を輸入しているので、低品質の石炭、それも地域によって異なる品質の石炭をも使える技術を確立し、普及に努める必要がある。（新田義孝＝電力中央研究所企画部部長―一九九八年三月二四日付日経産業新聞）

再生可能エネルギー

水力、太陽光、風力など、利用しても資源が枯渇《こかつ》しないエネルギーの総称。

Q22 原発には、良いところが一つもないのですか？

原発に批判的な人は、原発には良いところが一つもないように言います。一方的で不公平な見方で、おかしいのではないでしょうか。

最大の特長はたくさんの電気がつくれること

こう見てくると、原発の良いところは何もないかのようです。むろん、良い悪いは立場によっても変わりますから、核兵器をつくれるようになるのがメリットだとする考えさえ、あっておかしくありません。それは極端にしても、コストが高いのは必ずしも悪いことではなく、企業にとっては、それだけ利益を得られるということです。そこに働く労働者も、賃金が得られます。

環境の面からは、二酸化炭素やイオウ酸化物、窒素酸化物の排出量が小さいことは、明らかな利点です。ただし、実際には原子力はエネルギー需要の拡大とセットになっていて、けっきょくはそれらの排出量も増やして

原発推進派の決意

長期的な視点からは新エネルギー等の様々なエネルギーとの競合を踏まえた議論が重要であり、その議論の中で原子力もこれらに負けないものにしなくては必然的に敗退していくことになる。（近藤駿介＝東京大学工学部教授―長期計画策定会議第一回会合一九九九年六月二日）

しまうことは、先に見た通りです。

原子力の最大の特長は、たくさんの電気がつくれることにあると言ってよいでしょう。いま日本で最も出力の大きい原発は一三八万キロワット。三キロワットの家庭用太陽光発電の六五万軒分に当たります。設備の利用率を考えれば、実質はその何倍にもなるでしょう。

しかしまた、その特長が、電気をたくさん使う社会をつくりあげ、原発なしでは暮らしていけないと思わせるような状況をつくっているとすれば、それこそが最大の問題点だと考えることもできそうです。原発の是非がしばしば論争になりますが、むしろ議論の分かれ目はエネルギー消費を拡大しつづけるか否かであり、原発はエネルギー消費を拡大しつづけることと切り離せないところに問題がある、と言えないでしょうか。

エネルギー消費の拡大を促す原発

エネルギー消費の拡大を支えるために原発が要る、のではありません。原発のある社会が、エネルギー消費の拡大を促すのです。

原発をつくると設備が過剰《かじょう》になります。とくに最近では一基あたりの出

新増設は、もう無理

とても残念だが、原子力発電所の新増設は、もう無理だと、つくづく思うようになった。

不毛な価格競争で、電力会社の経営は疲へいするばかりだ。もう、建設に振り向ける資金余力はない。……原発ができても、相応しい価格で電気が売れる保証はなく、そんなものに、一兆円近くを融資する金融機関は、あり得ない。（佐野鋭＝『エネルギーフォーラム』編集主幹─同誌二〇一八年五月号）

全面自由化となって、電源間の徹底的な競争が導入されると、おそらく原子力は選択されないだろう、と思われます。リードタイムに一〇年とか、二〇年、運転に四〇年、炉を廃止するのに三〇年かかる。出てきた高レベル廃棄物を冷やすのに五〇年かかる。その後、高レベルの処

力が大きいものが標準化され、需要の小さい電力会社にまで押しつけられますから、どうしても過剰にならざるをえません。そこで需要開拓が行なわれます。たとえば一九八八年一月にはマスコミが「需要喚起型《じゅようかんきがた》」と名づけた電気料金体系への転換と、料金の値下げが行なわれ、電力各社は「電気を売るという『販売』姿勢を社内外に浸透させ」るのに必死でした（九〇年八月一六日付電気新聞）。

そうして需要が拡大されると、今度は供給力が逼迫《ひっぱく》してきます。そこで発電所を増設する↓再び設備が過剰となる↓需要開拓が行なわれる……と、どこまでも悪循環がつづきます。それにともなって雪だるま式にエネルギー消費が拡大しつづけるわけです。

未来まで縛られて

たくさんの原発を持つ私たちの社会は、エネルギー選択の柔軟さを失い、これから起こるかもしれない大事故におびえ、プルトニウムと放射性廃棄物をどっさり抱えて、未来まで縛られてしまっています。

いまの社会のあり方は、現時点でエネルギーを大量に使うだけでなく、

分場の管理が一万年もかかる。そういった事業に誰が手を出すだろうか。

（矢島正之＝電力中央研究所経済社会研究所研究参事―『エネルギーいんふぉめいしょん』二〇〇二年一二月号）

この先エネルギーを大量に使いつづける建物や製品をつくることで、そんな異常事態がさらに数十年つづくことを、すでに織り込んでいるのです。

原発を維持することが核抑止力になると言う人もいますが、開いた口がふさがりません。そもそも核抑止力なるものの正体がまさに「張子《はりこ》の虎」であることはさておくとしても、核拡散を奨励《しょうれい》するかの言説は、およそまともな政治家や学者が口にすべきものではないでしょう。

けっきょくのところ真に原発に固執《こしつ》する理由は皆無《かいむ》なのです。でも、そう言ったら、これまで推進してきたのが間違いだったということになります。その責任を誰も負いたくないから、強気の発言の陰でこっそりブレーキをかけながら、次の世代にツケを回していくしかないのでしょう。

原発を永久に止めることの難しさは、そこにあります。

核抑止力

核兵器の保有が、対立する相手国の攻撃を躊躇させる力となるという考え方。

原子力発電の特徴と問題点

◆メリット・デメリットがあるから問題となる。
◆メリット・デメリットは、実は同じことの裏表であることが多い。
◆メリットを得る人とデメリットを受ける人がちがう。

◎大量発電施設である	
・たくさんの電気をつくれる	・電気しかつくれない
・安定的な「ベース電源」となる	・小回りがきかない／すぐに運転停止
◎原子核の反応を利用する	
・CO_2やSO_X、NO_Xを（少ししか）ださない	・大量の放射能が生まれる
・大きな力を取り出せる	・反応の制御が難しい
◎巨大施設である	
・原子力産業が儲かる	・電気料金を高くする
・景気浮揚に役立つ	・公共投資依存型経済から抜け出せない
◎他の発電所も増やす	
・原子力産業が儲かる	・省エネに逆行、CO_2など増やす
◎複雑なシステム	
・原子力産業の裾野が広い	・事故の危険性が大きく、コストが高い
◎遠距離の送電を必要とする	
・送電線業が儲かる	・高コスト、系統の不安定性
◎核燃料サイクルとサイクル間の輸送を必要とする	
・原子力産業の裾野が広い	・すべての工程に放射能問題、高コスト
◎時間的・空間的ひろがりが大きい	
・問題の解決に時間的余裕がある	・エネルギー利用と廃棄物の世代間格差
・国内における危険性が小さい	・エネルギー利用と危険性の地域間格差
◎プルトニウムを生む	
・ウラン資源を60倍に有効利用できる	・利用には大きな危険性を伴う
・1000年余にわたるエネルギー供給源となる	・エネルギー問題を本気で考えさせない
・核兵器がつくれる、核保有能力を誇示できる	・核拡散、核事故、核の使用、核管理社会
◎温排水を流す	
・養殖などに利用できる	・生態系、地域の気象を乱す
◎国策である	
・多額の国家予算がつく	・省エネ・分散型エネの普及を阻害する
・立地地域に多額の交付金が出る	・地域の自立を阻害、非民主的手続き

プロブレムQ&A

V

原発を止める

Q23 なぜ再稼働を阻止しないといけないのですか？

原発の再稼働に反対する運動が続けられています。世論も、再稼働には反対です。以前には動いていた原発の再稼働をなぜ止める必要があるのですか。

原発の新しい規制基準が二〇一三年七月八日に施行されると、電力各社は、停止中の原発の再稼働に向けて必要な認可を原子力規制委員会に申請しました。北海道電力の泊《とまり》原発1〜3号機、関西電力の大飯原発・高浜原発各3、4号機、四国電力の伊方原発3号機、九州電力の玄海原発3、4号機、川内《せんだい》原発1、2号機の計一二基です。

申請されたのは、基準に合わせた対策のための原子炉設置変更許可、工事計画認可、保安規定変更認可といったものです。これらが認可されて具体的な対策がとられ、認可通りに工事などがなされているかの使用前検査に合格し、定期検査が終了すると、規制基準上は再稼働が可能となります。実際には、立地・周辺自治体の同意抜きに再稼働はできず、再稼働反対

原子炉設置変更許可
原子炉設置時に許可された内容を変更することの許可。

保安規定
原発の運転の際に実施すべき事項や、従業員の保安教育の実施方針など基本的な事項が記載した規定。

の意向を表明している自治体もあります。容認している自治体でも、政府の判断を求めている首長は少なくありません。世論調査では、過半数が再稼働反対で、むしろ再稼働が進むと反対が増える傾向にあります。

ところで、右の申請号機を見ると、大飯、高浜、伊方、玄海の1、2号機は申請が見送られています。いずれも運転を開始してから三〇年を超えている老朽炉です。新しい規制基準では、四〇年で廃炉を原則としています。基準に合わせた対策をとるには数百～数千億円ものコストがかかるのです。投資額の回収が難しければ、再稼働をやめて廃炉にするほうが得となります。しかし、また、原発推進勢力が力を取り戻しつつあります。規制が緩《ゆる》められるかもしれません。とりあえずは様子見をしようということなのでしょう。けっきょく右のうち、大飯、伊方各原発の1、2号機、玄海原発の1号機は廃炉となりました。

言い換えると、対策にコストをかけた原発は、四〇年いっぱい動かすつもりだし、四〇年は原則であって延長も認められているので、四〇年以上動かさないと元がとれないと考えてもいるはずです。新しい規制基準は「世界一厳しい」と原子力規制委員会は言います。その当否はともあれ、

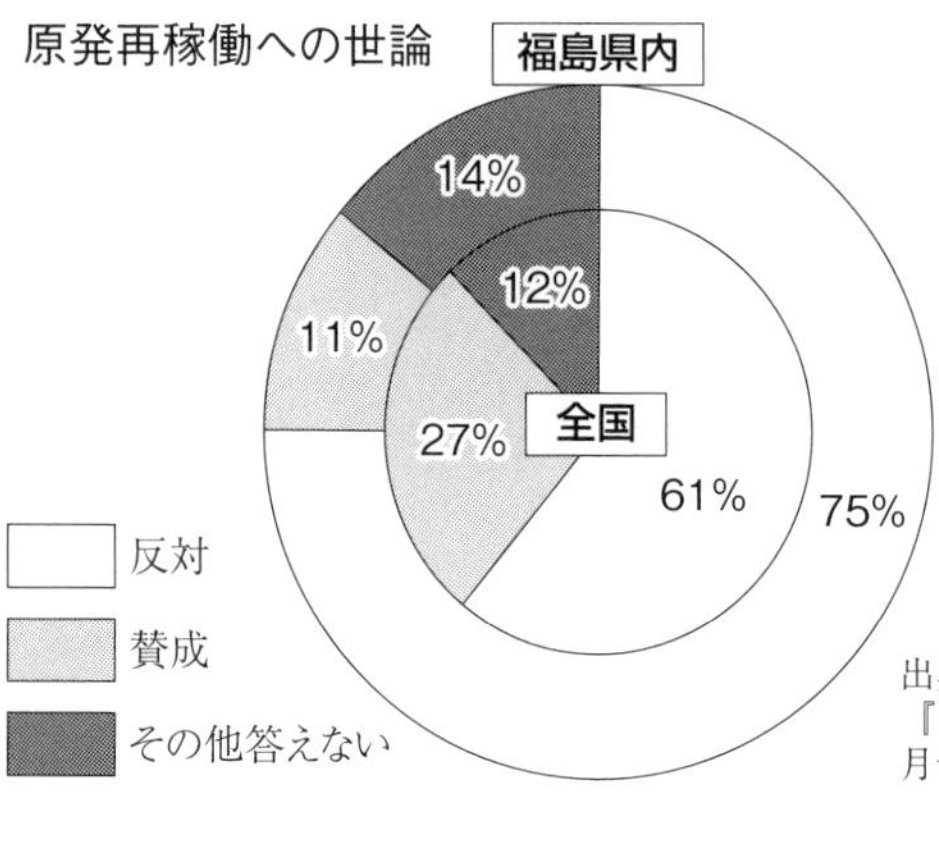

出典：朝日新聞社2月調査『はんげんぱつ新聞』2018年3月号より

厳しい基準が寿命延長を促す皮肉な結果になりかねません。

厳しい基準は結構ですが、そこまでして原発を動かさないといけないのでしょうか。重大事故が起こることを前提にしてなお原発を動かそうとする姿勢こそが問われるべきだと思います。同じことが、事故時の避難などの対策についても言えるでしょう。重点的にあらかじめ対策を立てておくべき範囲が原発から半径三〇キロ程度に広げられました。その先にも放射能を含む雲が届くことを考慮するといいます。厳しい基準で対策を立てても、そんな事故が起こるのを前提に、なお原発を動かすのでしょうか。そもそも原発を受け入れた地元では、避難などという言葉は聞くことなく同意したのです。

しかも、避難の対策については、三〇キロ以遠はもとより三〇キロ圏内でも、とても現実的な対策がたてられるとは考えられません。運転開始から三〇年未満の原発であっても、再稼働はせず廃炉とするのが、福島原発事故の教訓を踏まえた唯一の道でしょう。

原発再稼働は、何としても食い止めたいと思います。それこそが脱原発の具体的な第一歩です。それでも力ずくで強行されてしまうことは避けら

それが現実

東日本大震災後の五年半、ほとんど原発なしでやってきたせいもあるかもしれないが、原発は必要ないと考える人が多くなっているように思う。その結果が新潟、鹿児島の知事選や、高浜原発の運転差し止めなど各地の裁判結果に表れてきている。

（金井豊＝北陸電力社長―二〇一六年一二月二八日付福井新聞）

れません。しかし強行されたところで、長くても一三ヵ月後には定期検査のために、また止まります。多くの原発が止まったままの状況に変わりはなく、再稼働阻止に向けてがんばればがんばっただけ、その後の動きに歯止めがかかります。原発廃止への分かれ道を確かなものにできます。

もちろん、再稼働阻止を永遠に続けることはできません。しかし長く続けることはできます。その間に世論を高め、推進の策動を一つひとつ潰《つぶ》し、原発が止まっていても大きな問題が起きないことを事実で示せば、即時原発廃止を確かな政策にし、再稼働阻止を続けなくてよいように法制化することが可能になるでしょう。

Q24 原発を止めるなんてことができるのでしょうか？

原発を止めたほうがよいとしても、現実にたくさんの原発が電気をつくっていました。「必要悪」として認めざるをえないのではありませんか。

たくさんのと言っても、多くの原発が動いていた時でも年間の発電量に占める割合は、せいぜい三分の一程度でした。そしてこの数字は、実は原子力発電の抱える問題点を示しているとも言えます。電力の需要は、刻一刻と変化します。しかし原発では、電力需要の変化に合わせて原発の出力を細かく調整することはできません。需要の小さい夜間だけ出力を下げるような大まかな調整は可能ですが、温度変化のくり返しが燃料を傷《いた》め、放射能の放出量が増えることのほか、複雑な運転管理が事故の機会を増やすこと、経済性を悪化させることなどの問題があります。そのため、動かしている間はフル出力を保つのがよいとされています。

原発は小回りがきかず、変化する電力需要に合わせて出力を上げたり下げたりできないという大きな弱点があるのです。

原発が三分の一を供給していたのは、他の発電設備に能力がないからではなく、原発をフル出力で動かすしかなかったからです。他の発電所は、電気をつくらせてもらえず、遊んでいたことになります。

再稼働と廃炉の分かれ道

そしていまが、再稼働させてまた原発の電気を利用するか、廃炉にして原発ゼロに向かうかの、まさに分かれ道です。日本の原発保有基数は、二〇一八年六月末現在三九基となりました。六月一四日に福島第二原発の四基を廃炉にする方針が示されましたから、そうなれば三五基。福島原発事故の前と比べると、一九基の減です。残っている原発のうち、再稼働のための新規制基準適合性審査を申請していない原発が一〇基あります。敷地内に活断層があって再稼働できないものもあります。老朽炉も多くあります。「廃炉の時代」は確実に進みます。

二〇一五年四月二七日に敦賀原発1号機、美浜原発1号機2号機、玄海原発1号機、三〇日に島根原発1号機が廃炉を迎えました。一六年五月一

福島原発事故前54基の現状

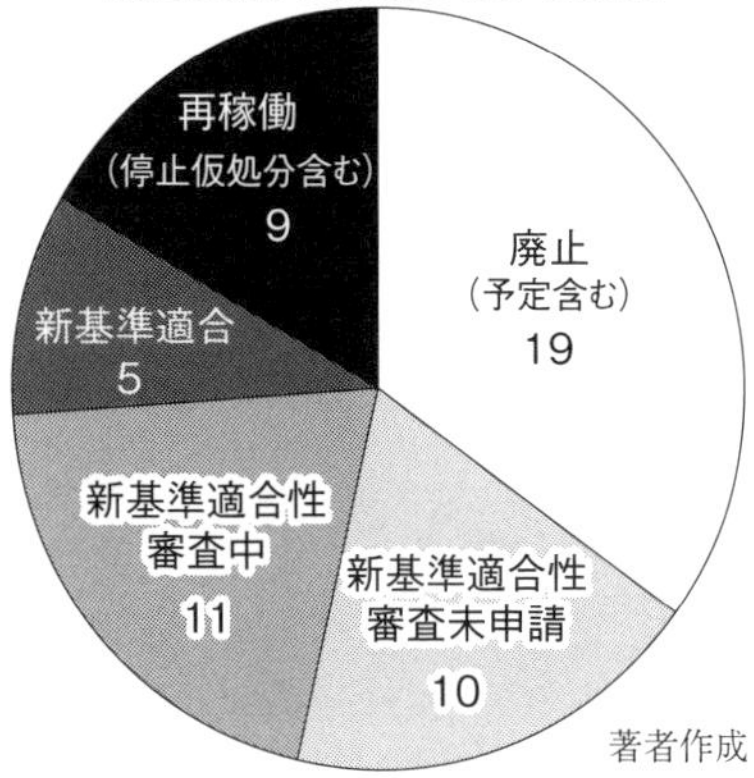

著者作成

〇日には伊方原発3号機が廃炉とされました。さらに一七年一二月二二日に大飯原発1号機2号機、一八年三月二七日に伊方原発2号機と廃炉決定が続いています。

当初は出力が小さく再稼働しても発電量が小さいものを廃炉にすると言われましたが、大飯原発1、2号機は、同型炉では最大規模です。2号機の廃炉が決まった伊方原発は、1号機がすでに廃炉となっており、3号機は二〇一七年一二月一三日に広島高裁が決定した仮処分で一八年九月まで運転が差し止められています。それでも2号機の廃炉が決定されました。

原発を再稼働させるためには、多額の追加安全対策費を必要とします。再稼働によって得られる電力料金収入で投資額を回収するのは、不可能と言ってよいでしょう。にもかかわらず、

原発の安全対策費の推移

電力11社の見積額の合計。幅のある回答は下限の数字で集計。

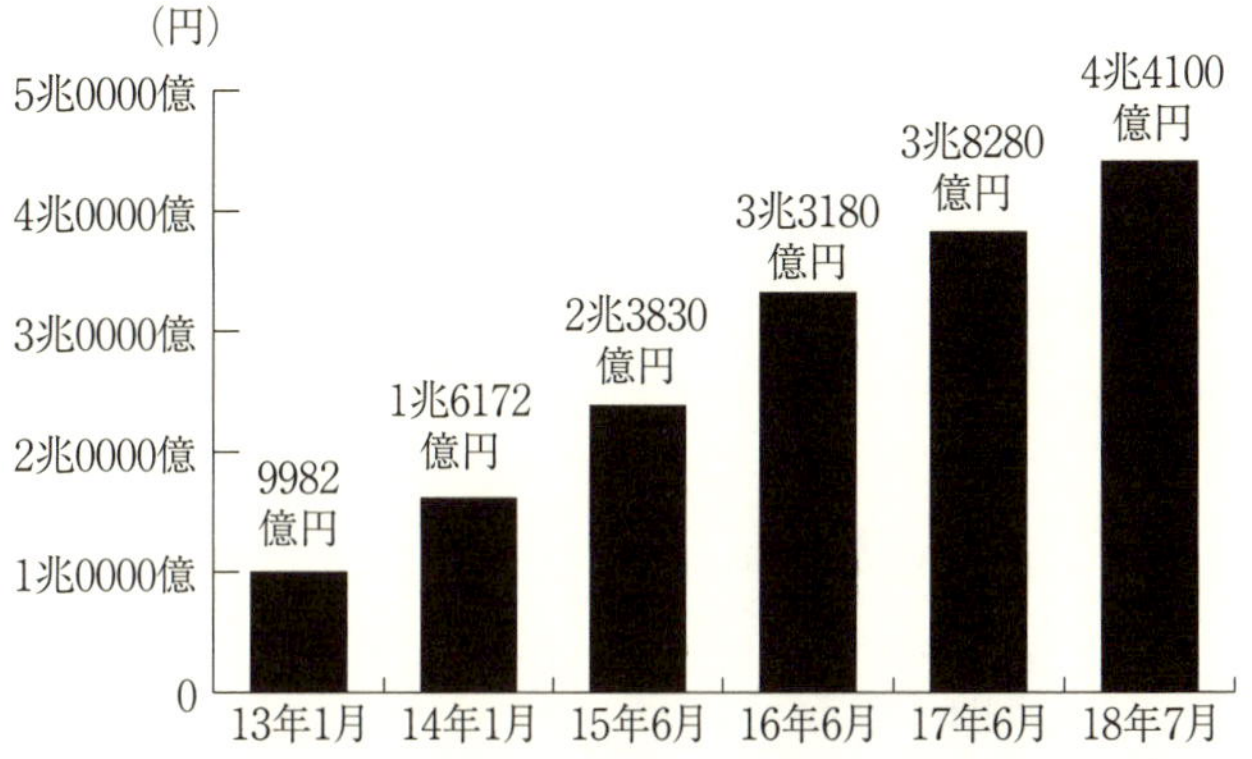

各社の原発の安全対策費の見通し

北海道	2千億円台半ば	中国	5000億円
東北	3千数百億円	四国	1900億円
東京	4800億円	九州	9千数百億円
中部	4000億円	日本原電	2700億円
北陸	1千億円台後半	Jパワー	1300億円
関西	8900億円		

『朝日新聞』2018年8月23日付より作成

「原発は国策」だとされ、二〇三〇年に至ってもなお発電電力量の二〇～二二％を原子力で供給すると決められている国の計画が圧力となって、なかなか廃炉を言えない状況が続いてきました。さすがにそれも限界だということを、関西電力や四国電力の決定は示しています。

二〇一七年一二月二五日付電気新聞で、濱義人記者が「このままでは廃止判断に踏み切る事業者が続く可能性もある」と恐れていたことが、現実になりそうです。「廃炉の時代」が、いよいよ始まったのです。

他方、二〇一六年六月二〇日、原子力規制委員会は高浜原発1、2号機の運転期間延長（六〇年運転）を認可しました。同年一一月一六日には美浜原発3号機の六〇年運転も認可

廃止原発一覧（予定含む）

廃止	電力会社名	原発名	炉型
2018年	東京電力	福島第二1号	沸騰水型軽水炉
		福島第二2号	
		福島第二3号	
		福島第二4号	
	四国電力	伊方2号	加圧水型軽水炉
	関西電力	大飯1号	
		大飯2号	
2016年	日本原子力研究開発機構	もんじゅ	高速増殖炉
2015年	四国電力	伊方1号	加圧水型軽水炉
	中国電力	島根1号	沸騰水型軽水炉
	九州電力	玄海1号	加圧水型軽水炉
	関西電力	美浜1号	
		美浜2号	
	日本原子力発電	敦賀1号	沸騰水型軽水炉
2014年	東京電力	福島第一5号	
		福島第一6号	
2012年		福島第一1号	
		福島第一2号	
		福島第一3号	
		福島第一4号	
2009年	中部電力	浜岡1号	
		浜岡2号	
2003年	日本原子力研究開発機構	ふげん	新型転換炉
1998年	日本原子力発電	東海	ガス冷却炉

されました。

六〇年運転の申請が認められても、実際に何年動かせるかは不明です。世界のどこにも、商業規模の原発を五〇年動かした例はありません。アメリカなどでは、六〇年運転を認められた原発が、次々と早期廃止に追い込まれています。美浜原発3号機について、原発推進の産経ニュースまでもが「美浜をあきらめるのが最もリスクの低い選択だと思う」（二〇一五年一一月一二日）と書いていました。原子力規制委員会が時間切れで審査を打ち切って許可が出ないことを、関西電力は期待したのだろうという憶測《おくそく》まで出ていたのです。

にもかかわらず高浜原発1、2号機や美浜原発3号機の廃止を避けたのは、それらを廃炉にしてしまうと、寿命延長を可能とした制度がスタートする時点で、延長を申請する原発が一基もないことになってしまうからです。それは政治的にまずいと、経営判断より政治判断が優先されたのでしょう。「国策民営」と呼ばれる日本の電力会社ならではの誤りと言えそうです。

会社の存続だけを理由に寿命延長を考えているのは、日本原子力発電

国策民営
国が政策を決定し、それに従って民間企業が事業を行なうこと。

日本原子力発電
北海道から九州までの電力九社と電源開発が出資して生まれた原子力発電専業の会社。

活断層
最近の時代まで活動していて、将来も活動するとみられる断層。

という会社です。同社の東海第二原発は、二〇一八年一一月二八日で、運転の期間が四〇年を迎えます。そこで一年前の一七年一一月二四日、運転期間を二〇年延長することの認可を原子力規制委員会に申請しました。日本原子力発電は他に敦賀原発2号機を保有していますが、活断層の存在から再稼働できないと見られています。東海第二原発も再稼働できなければ、保有する発電設備が皆無《かいむ》となってしまうのです。

東海第二原発の再稼働・寿命延長には、老朽炉の技術面とは別に、一七四〇億円と見積もられている安全対策工事費の問題があります。原子力規制委員会は、東京電力と東北電力が資金支援の意向を示しているとして「経理的基礎がある」ことを認めようとしていますが、事故の賠償も出し渋る東京電力が他社の支援をするなどといったことは、とうてい許されません。

いずれにせよ再稼働は、単に原発をいま動かすかどうかではなく、投下した資金を回収できるまで原発を長く動かすことです。また、「広域避難」の計画が仰々《ぎょうぎょう》しくつくられていることは、大事故を前提とした再稼働だということでもあります。何としても再稼働は食い止めなくてはなりません。

廃炉判断第二ステージ

四〇年運転制限制を盾に、強制的ともいえる廃止判断を迫られた第一ステージを経て、今後は安全対策や需要想定、収益性などを天秤にかけ、事業者が自主的に判断する第二ステージに入る。（濱義人＝電気新聞記者―二〇一七年一二月二五日付電気新聞）

六〇年運転だなんて

世界を見渡しても、原子力発電所を運転した年数は四〇年程度がせいぜい。六〇年、八〇年と威勢のいい数字を掲げても、実際に運転を行った例はない。（二〇一〇年四月二八日付電気新聞）

Q25 電力消費の大きな夏には、やはり原発が必要なのではありませんか？

一年の中の数時間であっても、原発がなければ十分に電気が供給できない時間帯があるとしたら、けっきょく原発を止めることはできないのでは。

二〇一四年、一五年と、夏の電力需要のピーク時に、原発の発電量はゼロでした。

このところ毎年、夏の電力供給予備率が「安定供給の目安となる三％を上回った」との報道があります。かつては「八〜一〇％が必要」と言われていたことからすると、ずいぶん小さな数字です。

実は八〜一〇％が安定供給に必要だというのは、出力が大きく、すぐに停止する原発が動いていると、突然、大規模な供給力不足になる心配があるからだったのです。

原発は、何らかの異常があればすぐに止まることになっています。止まってくれなければ事故につながるからです。一基だけでなく、何基も同時

悲願の最大電力更新

今夏の予備率は一二％を超え、設備は余剰気味。「ピーク更新がないのも困る」というのは電力関係者の共通の本音だ。（佐藤貞＝電気新聞記者―一九九九年八月三日付電気新聞）

最大電力

ある期間の中で最も多く電気を使用した時の電力の大きさ。特にことわらない場合は、年間の最大を言う。

供給予備率

最大電力需要に対して、供給が可能な電力量の割合を示す指標。

に止まることすらあります。また、いったん止まると、すぐに再開することはできずに長く止まります。安全の確認が必要だからです。おまけに原発は、万一の事故を考えて、人口の多い電気の大消費地と離れて建設されるため、電気は長距離を運ばれてきます。その間に電圧がふらついたりして送電が止められ、大停電を引き起こすのです。三％の予備率でよくなったのは、原発が止まっているお蔭なのです。

二〇一七年夏の電力需要のピークは、全国計で一億五五〇〇万キロワットでした。福島原発事故前の二〇一〇年の値と比べると、二七〇〇万キロワットも減っています。予備率は八％どころか、一三％を超えていました。原発ゼロで停電どころか、大きな余裕があるのも当然のことでしょう。

政府は、福島原発事故後の二〇一一年には、夏に向けて数値目標を設定しての節電要請を行ないました。ところが一三年には早くも数値目標の設定をやめてしまい、一六年からは節電要請そのものも行なわれなくなりました。本気で節電を進めれば、もっともっと需要は減らせるのにです。

それどころか政府や経済界は、今後は需要が拡大すると夢想し、その一部を省エネすると言いつつ、原発や石炭火力の温存を図っています。新し

全国最大需要電力推移

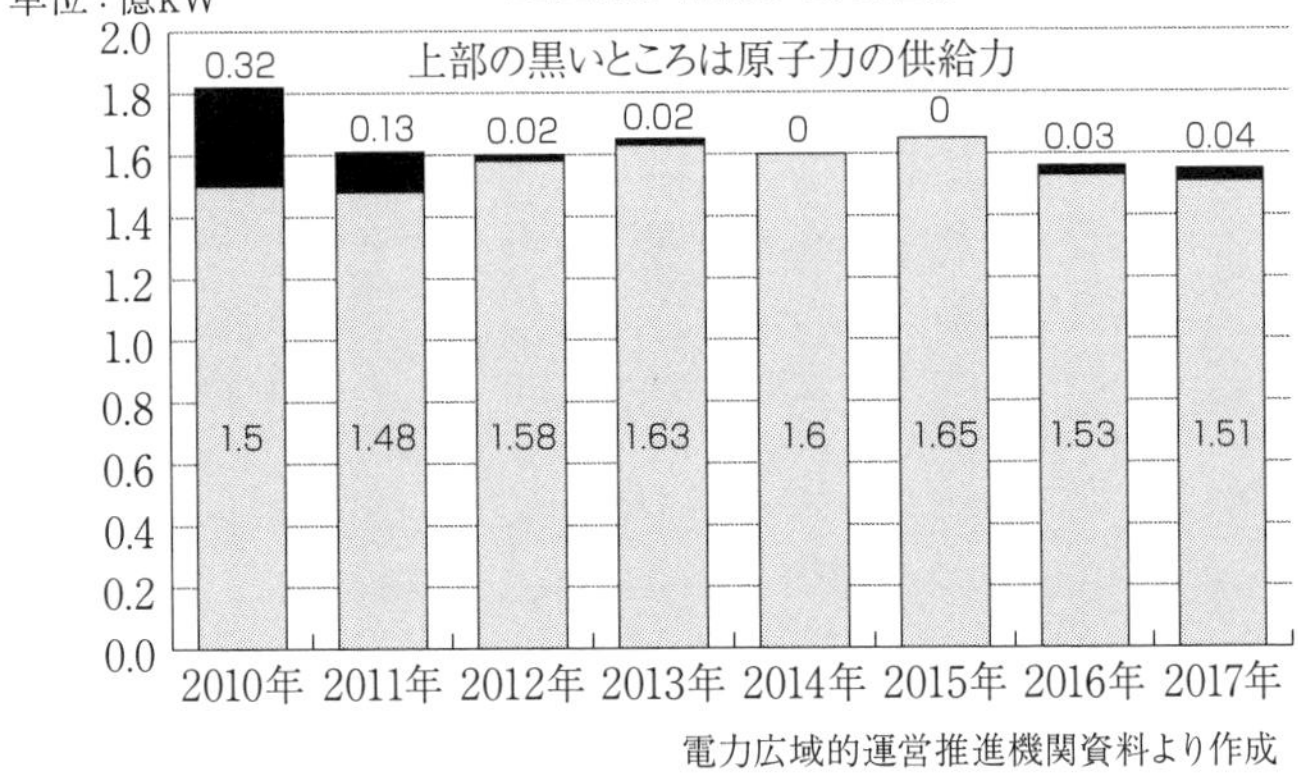

電力広域的運営推進機関資料より作成

いエネルギー基本計画が二〇一八年七月三日に閣議決定されました。「二〇三〇年エネルギーミックス」(原子力二二〜二〇%、再生可能エネルギー二二〜二四%、天然ガス二七%、石炭二六%、石油等三%)の確実な実現を目指すというものです。原子力も石炭も、引き続き「重要なベースロード電源」とされています。

原発のために大停電

停電事故がおきたり送電線に雷が落ちたりして電気の送り先がなくなると、同じ送電線を使っている全原子炉がいっせいに停止することがありえます。原発は巨大な危険性を抱えているため、周波数などの小さな変動があっても運転が止まるように手厚く保護されていますが、言い換えると送電系統のちょっとした異常で止まり、全体の系統に影響を与えるのです。

原発は、いったん止まると安全確認が必要なため、再びフル出力にするまで一日以上かかります。停電がすぐに復旧しても、原発からの送電はできません。一九九九年一〇月には、京都市の変電所での事故から大規模な停電となり、高浜原発の三基の原発が停止しました。停止時に伴うトラブ

エネルギー基本計画

二〇〇二年に成立したエネルギー政策基本法に基づき、数年ごとに閣議決定される基本計画。

変電所

発電所から送られてくる電力を、それぞれの使用目的に合せた電圧に昇降させる場所。

原子力分の需要は確保を

いくら自由化といっても、原子力が負担する需要は確保しないといけない。(鎌田迪貞＝九州電力社長―二〇〇〇年九月一八日付電気新聞)

ル発生も重なって、停電は約一時間でほぼ復旧しましたが、原発の運転再開は三～四日後でした。

一九八七年七月二三日、東京電力管内の一都五県にわたる大きな停電がおきました。このとき、発電能力では余裕があったのです。それが停電したのは、電圧のコントロールに失敗して変電所の保護装置が働いたからでした。なぜ失敗したかについては、いくつかの理由があります。その一つが原発です。

原発は人口の多いところの近くにはつくれないことになっているので、電力をたくさん使うところから遠く離れて建てられます。東京電力で言えば、福島第一、第二原発も柏崎刈羽原発も、自社の管内を通り越して東北電力の管内につくられています。

遠くからえんえんと送電線で送ってくる間に電圧が不安定となり、大停電の一因となったのです。消費地の近くにつくれる発電所なら、こんな停電騒ぎは起こさなくてすんだわけです。

需要開拓しかない

省エネは時代の流れで仕方がないが、電気という単品を売っている企業が生きていくには、やはり需要開拓しかない。（渡辺哲也＝九州電力社長―一九八七年七月二九日付朝日新聞）

Q26 原発を止めると化石燃料をよけいに燃やすことになりませんか？

原発を止めたら、そのぶん火力発電所の利用率を高め、化石燃料で環境汚染を悪化させることになるのでは？　また、電気料金の値上げにもつながりませんか。

確かに、福島原発事故後の原発ゼロ・ほぼゼロ状態の下で、火力発電所の利用率は高まっています。新たな発電所もつくられました。しかし他方で、前のQでも見たように、原発停止をカバーした最大のものは省エネルギーでした。また、太陽光発電などの再生可能エネルギーが大きく伸びてきました。

火力発電所について言えば、政策の誤りによって石炭火力が増やされていますが、天然ガスを主力にすれば環境汚染は抑制されたはずです。事故の後で急いで建てられた天然ガスタービン発電所に蒸気発電機を付け足して、出力と効率を上げることも行なわれています。

電気料金の値上げは当然なのでしょうか。実は日本の電力各社は、一九八〇年から翌八一年にかけて五〇%を超える家庭用電気料金の大幅値上げをして以来、九六年からの燃料費調整を別にすれば、福島原発事故後の二〇一二年に東京電力が八・五%の値上げをするまで、一貫して値下げだけをしてきたのです。

八〇年代後半には化石燃料の価格そのものの低下に加えて円高のお蔭で燃料費は減少、そのために値下げができました。しかし、その後、発電原価に占める燃料費の割合も金額も増加し続けます。それでも値上げより値下げを選んだのは、「需要家のため」と電力会社は言いますが、需要《じゅよう》が落ち込んだり、電気事業の自由化で生まれた「新電力」に需要が奪われたりするのを嫌ったためです。

東京電力を例にとりましょう。二〇〇八年七月二八日に同社は、値下げした料金を維持すると経済産業大臣に届け出ました。同年度の事業見通しによれば、二期連続で、「創業以来の最大の赤字となる」(清水正孝社長)見込みだったにもかかわらず、です。

具体的な数字で見れば、燃料費は、前回値下げをした時の一兆一九〇億円から二兆三八億円へと、実に九八〇〇億円の増加となりました。それで

新電力

北海道から沖縄までを九分割して電力を供給してきた大手電力会社に加えて新たに事業参加をしてきた電力会社。

も「コスト削減《さくげん》を徹底し、需要家の負担を緩和《かんわ》することにした」というのです。

ところが、二〇一二年七月二五日に経済産業大臣の認可を受け、値上げをした時の燃料費は二兆四五八五億円と四五〇〇億円の増。大きな額とはいえ、〇八年に値下げを維持した時の負担増の半額以下です。

ならば、なぜ値上げをしたのでしょうか。値上げを思いとどまっても需要減は避けられず、値上げをしたほうが利益になると見切ったからです。原発停止は値上げに走る口実に使われたのです。

Q27 世界の各国は本当に脱原発に向かっているのですか？

世界は脱原発に向かっている、とよく言われます。他方で、再び原発建設の動きが出てきたとのニュースも聞こえてきます。どちらが正しいのでしょう。

次の一〇年には大きく減少

世界で運転されている原発の規模は、この一〇年で増えたり減ったりしながら、次の一〇年には大きく減る方向へと動いています。新しく動き出す原発がある一方で、古い原発が廃止されてきたからです。新しいものは出力が大きく、古いものは小さいので、出力でなく基数で見れば、もっと減少傾向がはっきりします。

アジアでの原発建設が盛んだと言われますが、いくつかの国に集中していて、必ずしもアジア各国で原発をつくろうとしているわけではありません。また、どの国の発注も、すでに一段落を迎えました。インドネシアやタイ、トルコなどの新規導入国の計画は、政情により中止・延期と復活を

日本民族の使命

アジア圏における原子力と電気自動車の普及こそ日本民族の使命であり、これは歴史的に明白である。

（服部禎男・電力中央研究所特別顧問——二〇〇〇年二月一〇日鯱光会月例会）

繰り返しながら、いつまでも「計画中」のままです。ベトナムの計画は二〇一六年一一月二二日に中止となり、日本からの輸出計画もはかなく消えました。

欧米の原発離れ

むしろ欧米での原発離れが、二〇二一年に全原発の廃止を迎えるドイツを筆頭にいよいよはっきりしてきています。アメリカで一時「原子力ルネサンス」と呼ばれた新増設計画も、軒並み撤退や延期となっています。

台湾では二〇一八年一月一一日、二〇二五年までの脱原発を定めた電気事業法改正案が、立法院（一院制）で可決、成立しました。韓国でも文在寅新大統領が一七年六月一九日、運転開始から四〇年の古里原発1号機の永久停止記念式典で「脱原発」を表明しました。

日本の原発輸出の行方

原発輸出が、「公害輸出」であると同時に、経済的にも失策であることは、東芝が買収したウェスチングハウスに振り回され、輸出計画がほぼ全

原子力ルネサンス

二〇〇〇年代初頭に見られた原子力復権の動き。

原子力ルネサンスなんてなかった

原子力ルネサンスというものは、この国にはそもそも存在していなかった。（ジェフ・イメルト＝GE会長―二〇一二年四月三日付日経産業新聞）

東芝問題

「原子力ルネサンス」の夢に踊らされて、東芝は、二〇〇六年に米原子炉メーカーのウェスチングハウスを子会社化した。しかし、ウェスチングハウスは巨額の損失を計上して破産。東芝は、海外での原子力事業から撤退を余儀なくされた。

滅に陥ったことによく示されています。

二〇一八年四月には、トルコ第二の原発計画であるシノップ原発の事業会社（未設立）に一〇％強を出資すると言われていた伊藤忠商事が、三月末で撤退したことが判明しました。事業化の前提となるフィージビリティスタディに参加していたのですが、三月末までに終了予定だった調査がまとまらず、契約延長を求められたのに応じなかったものです。

事業会社は三菱重工業がリーダーで、伊藤忠、仏エンジーと合わせて五一％、トルコ側の新会社「トルコ発電会社国際協力社」が四九％を出資とされていたのが崩れたことになります。事業会社が原発を四基建設して所有、電気を売ることで経費を回収するという方式（「建設・所有・運転」の英語の略でBOO方式と呼ばれる）のリスクが顕在化《けんざいか》したと言えるでしょう。

二〇一八年五月三日付東京新聞によれば、伊藤忠の岡藤正弘会長は二日、「『（トルコ政府側の）要求がどんどん出てくるし、向こうも財政難』と、トルコ側の資金繰りが悪化して計画が行き詰まる可能性を指摘」しました。三菱重工の担当執行役員は一〇日、日本原子力産業協会年次大会での演説で「資金調達に困難さがある」と懸念《けねん》を表明したといいます。

メーカーの本音

メーカーは、原子力産業が縮小するのに合わせて、自分も小さくして行かなければならず、その結果いろいろな問題がでてきますと言うのが本音であるが、現実これを言うのは難しい。（中川晴夫＝電機工業会原子力部部長―エネルギー問題に発言する会座談会、二〇〇五年四月二七日）

建設費の見積りが当初の二兆円から四兆円超とも五兆円超とも言われる額に膨らみ、後始末の中身も費用も、どこまで責任を持つのかを含めて不透明だからです。利益を得られる保証はゼロ。しかも、機器の輸出でなく原発を所有するということは、原子力損害賠償で免責されず、賠償責任を負うことになります。リスクは限りなく大きいと言えます。

資金は日本の国際協力銀行や民間金融機関から借り入れ、日本貿易保険が、仏貿易保険会社コファスと共にリスク時の補塡《ほてん》に当たると報じられていることから、多額の国民負担が生じる恐れも否定できません。

日立が英国子会社を通じて建設しようとしているウイルファ・ニューウイッド原発計画も、日英両国政府の全面的な支援が得られなければ、撤退となりそうです。

国際協力銀行
政府開発援助（ＯＤＡ）のうちの借款業務と輸出入金融業務を担当する政策金融機関。

日本貿易保険
他国のさまざまな要因によって代金回収が不可能になるリスクを引き受け、貿易会社に対して保険を運用する政府出資の公的輸出信用機関。

Q28 どうしたら原発の全廃が可能になるのでしょうか？

原発の全廃が望ましいというなら、長期的にも本当にできるのかが示される必要があります。暮らしの質を落とさずに原発を止めることは可能でしょうか。

望ましい未来に向けて

原発をやめて、エネルギーの供給はどうするのか？　地球温暖化などの環境問題に対応できるのか？　日本経済への影響をどう避けられるのか？　原発のある地域や原子力産業の労働者の暮らしをどう保証するのか？　日本だけがやめればよいのか？　本書で答を示したものもありますが、冒頭に述べたように、それも一つの答であって必ずしも唯一の正解とは限りません。

原発を廃止しようとすれば、それらのことを総合的に考えていく必要があります。否、原発を廃止するかどうかにかかわらず、考えておくべき問題だと言うべきでしょう。

それでも結論はエネ需要は増え続けるですか？

社会の経済発展は、確かにあるレベルまではエネルギー消費量に比例して成長するが、ある段階からその関係が成り立たないことが明らかである。……むしろエネルギー消費が多いほど、国内総生産は減る傾向にある。そしてこの傾向は一人当たりの所得が高く、永い間豊かさを享受してきた国々に強く見られる。エネルギーの消費は必ずしも経済を発展し続けるとは限らない。模範とした欧米の国々は、エネルギーを大量にそれは、言い換えれば、私たちがどんな社会をめざすのかということなのですから。

もちろん、各人によって、望ましい社会の中身は違っています。その上で、できる限り多くの人にとってめざされるべき社会を考えようとするなら、国と国との間でも、国の中でも、また、現世代と後の世代の間でも、格差・差別の小さな社会が望ましいでしょう。

現実はどうでしょうか。人類がエネルギーを使ってきた歴史を、グラフに描いてみます。描き方は簡単で、横にまっすぐ線を引いてきて、最後に直角に上げる。そこが現在であり、最後に上がった分は、いわゆる「先進国」が使っています。

このグラフを先に進め、さらに上のほうにまで線を伸ばしたとしても、格差・差別は小さくならず、拡大するばかりです。そして遠くない将来において、すべてが成り立たなくなるのは目に見えています。破局を回避して社会を持続させようとすれば、エネルギーの使いすぎを是正し、環境への負荷を下げ、経済成長の追求から真の豊かさの享受《きょうじゅ》へと舵《かじ》をとる必要があります。

消費しているにも係わらず、経済的にも社会的にも国内に数多くの問題を抱え苦しんでいる。（内山洋司＝電力中央研究所経済社会研究所研究員―原水爆禁止世界大会広島大会「公開討論」配布論文、一九九四年八月五日）

普及が進む風力発電

消費を減らすエネルギー利用技術

化石燃料を使うにせよ、自然エネルギーを利用するにせよ、エネルギー利用技術に求められる最大の要請は、消費を減らす方向性を持つことだと強調しておきましょう。具体的には「効率化」と「分散化」です。分散化は、需要のあるその場でエネルギーをつくり出し、送電などのエネルギー輸送を減らすとともに、小回りがきくことから需給の不均衡を小さくできます。大型発電所などでは利用できなかった「未利用エネルギー」も活かせます。

技術としては、蒸気タービンにガスタービンを組み合わせ、発電時に捨てられる排熱を五〇パーセントに減らした「コンバインドサイクル発電」や、排熱を有効利用する「コージェネレーション」などがあります。同じだけの電気を得るのに必要な燃料の量を減らす燃焼技術も、さまざまなものが開発されています。それだけ二酸化炭素やイオウ酸

コンバインドサイクルの1例

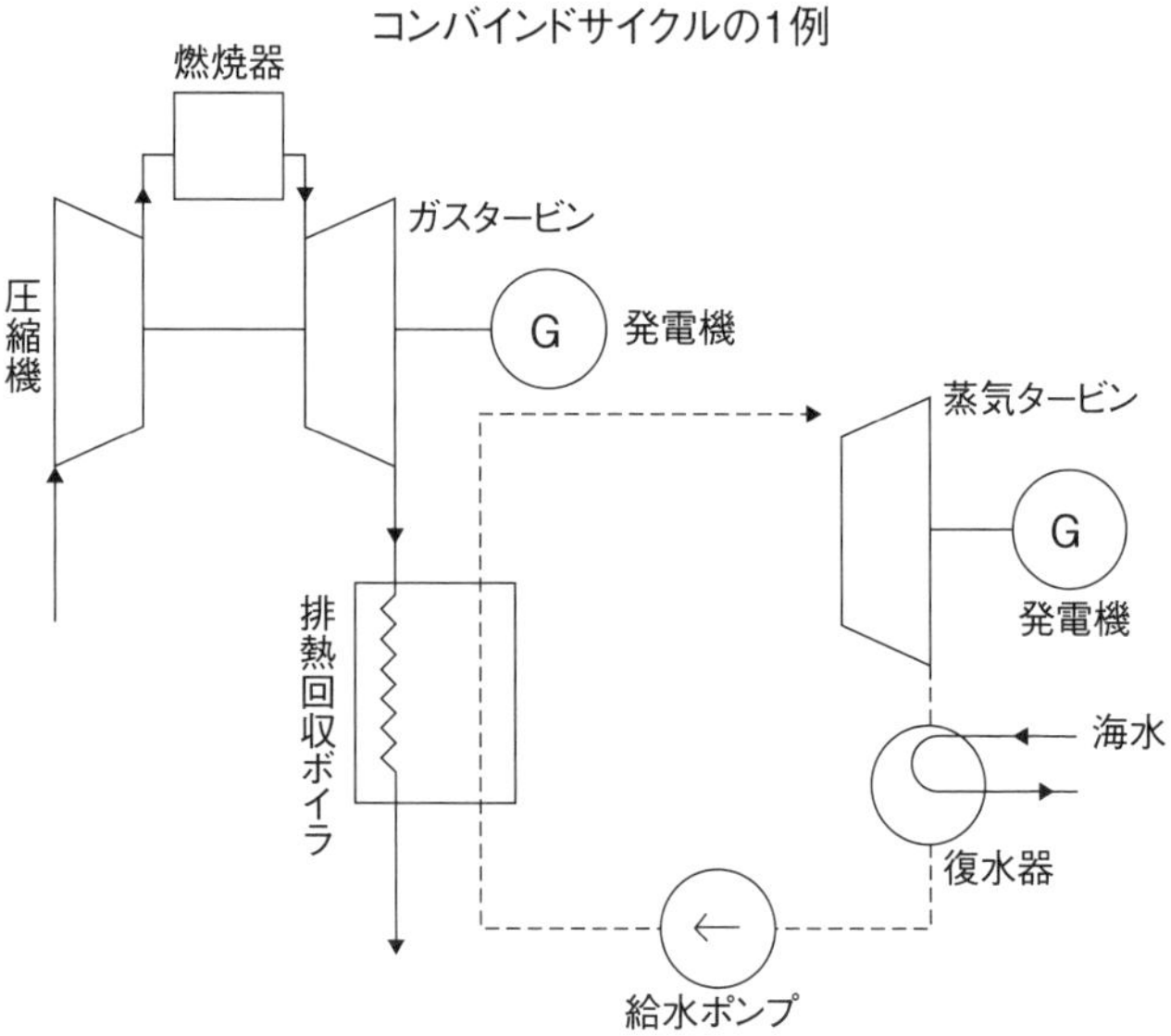

茅陽一他『エネルギーの百科事典』(丸善)より

化物、チッソ酸化物などの排出も減ることになります。

コンバインドサイクル発電は、電気事業用や自家用の既設の汽力《きりょく》発電設備にガスタービンを付け加えることでも可能となります。効率向上とともにガスタービンのぶんだけ出力が大きくなるので、「リパワリング」と名づけられています。Q3で紹介したガスタービンに蒸気タービンを付け足すことの逆ですが、むしろこちらが一般的に行なわれている常道《じょうどう》です。

自然エネルギーこそ、消費を減らすエネルギー技術の代表です。日本は資源が乏しいと言われますが、自然エネルギーには恵まれている面もあります。太陽の熱や光、風や水などの力を利用する自然エネルギーは、使ってもなくならない再生可能エネルギーです。植物の成長分だけを使う「バイオマス」も、再生可能と考えてよいでしょう。

といっても、水力発電所や太陽熱温水器や太陽電池や風車や、あるいは電気を送る送電線をつくる金属資源などは、やはり限りがあります。再生可能エネルギーといっても、枯渇《こかつ》と無縁ではないのです。また、環境破壊や人の健康、生活、農漁業、動植物、景観などにも影響を与えることがあります。バイオマスを海外から輸入すると、輸送のエネルギーが要るのは

汽力
蒸気力

コージェネレーション
熱電併給。発電の排熱を利用し、冷暖房・給湯用などの熱と電力を同時に供給するシステム。

リパワリング
蒸気タービンだけを使っている既設の発電所にガスタービンを付け加えてコンバインドサイクルとし、効率と出力を増やすこと。

バイオマス
エネルギー源として利用される生物体

分散型
需要地の近くに分散してそれぞれに必要なエネルギーを供給する形態。

もちろんですが、現地での生産に伴う環境破壊なども大きな問題となります。

とはいえ再生可能エネルギーの利用技術は成熟し、コストも下がってきました。右にあげた問題点も、緩和ないし解決する方策がさまざまにとられつつあります。自然エネルギーの利用は、省エネルギーの意識を高め、また、分散型の特長を生かした省エネルギーをすすめます。

家庭用から工業用まで、各種の分散型電源をうまく組み合わせて利用すれば、エネルギーを利用しつつ低エネルギー消費の方向に進んでいくことができるでしょう。

低エネルギー消費化

エネルギーを生産するところで消費を減らす方向性を持たせると同時に、消費者サイドでの低エネルギー消費化が重要であることは言うまでもありません。

ここで「省エネルギー」と言わずに「低エネルギー消費化」としたのは、政府やエネルギー産業が使う「省エネルギー」という言葉が、エネルギー

従来型システムとコージェネレーションの効率の比較（数値は一例）

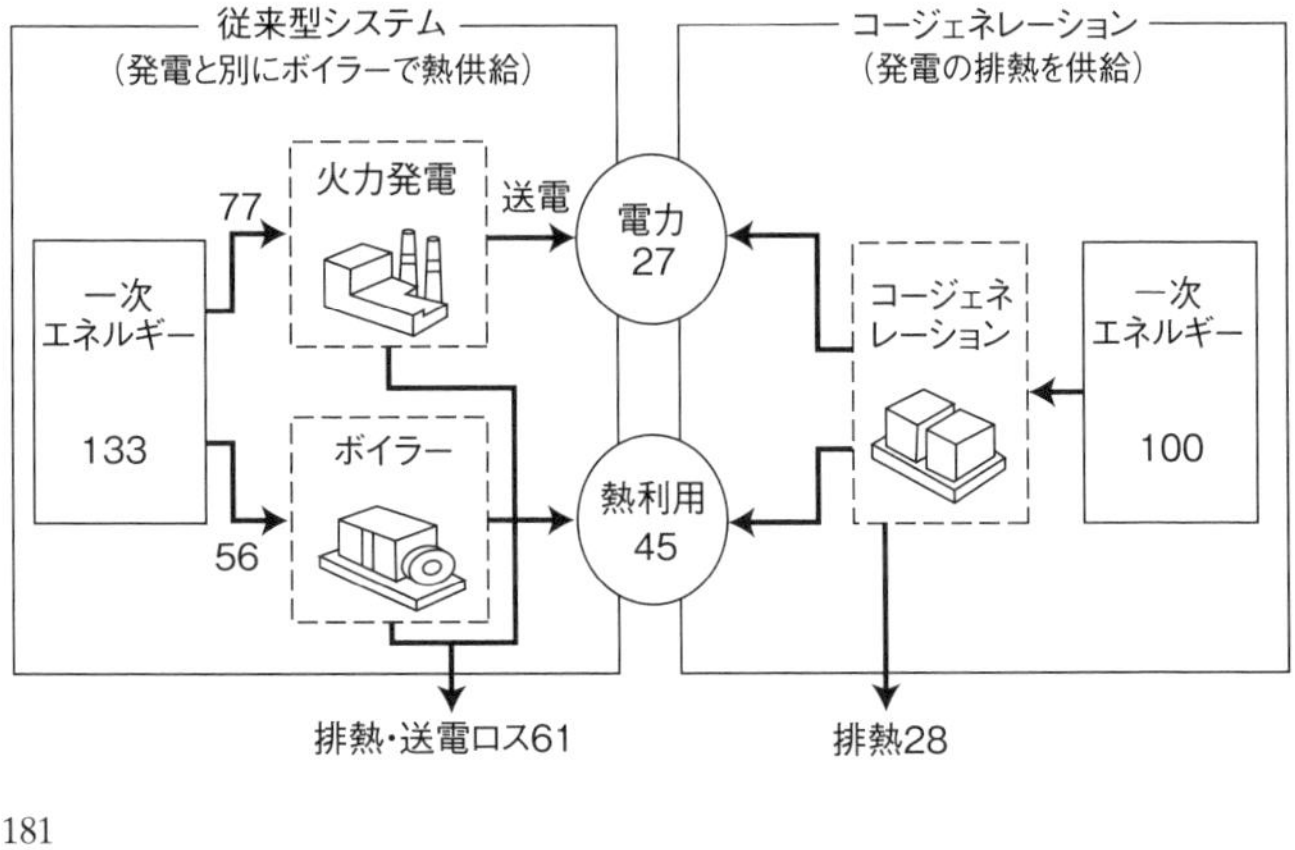

消費の伸びを前提にしつつ伸びの一部を削減するという意味しか持っていないからです。そうした発想ではなく、低エネルギー消費の社会への転換が求められているのではないでしょうか。

低エネルギー消費化をすすめるには、技術的対応や経済的なしくみが要ります。政府や自治体、企業がエネルギー消費の削減を重視した施設建設・製品購入をするとか、エネルギー消費の削減や自然エネルギーの利用に銀行が低利融資をするとかが、日本でもようやく実施されるようになってきました。エネルギー効率改善の企画・立案から設備の改修・管理までの一貫サービスを行なう事業も盛んです。

そうした技術的対応、経済的なしくみと、消費者の意識変革、そして、用途に見合ったエネルギー源の選択が最適に行なわれれば、また、都市のあり方や経済のあり方の見直しがすすめられれば、エネルギー消費を下げることは決して夢物語ではないのです。

他人まかせにはできない問題

エネルギーの問題は、その安全性や環境への影響などをふくめて、みん

バイオマス

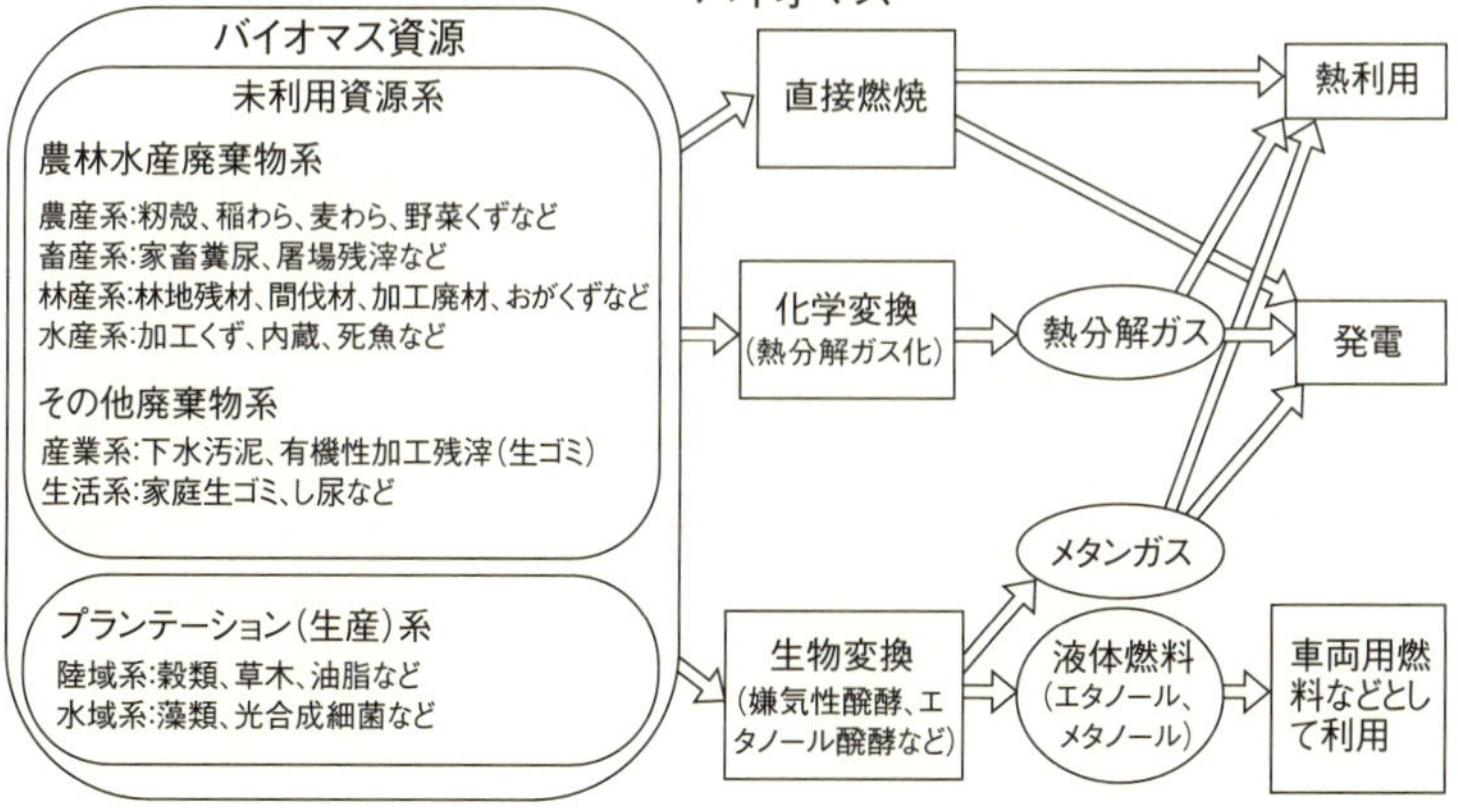

なで考えないといけない、暮らしの基本となる問題です。誰かにまかせてしまって、その人の言うとおりにしていればよいという問題ではないのです。難しいと言って放り出してしまったら、誰かの言いなりになるしかありません。それでほんとうに安心して暮らしていけるでしょうか。

私たち自身が積極的に低エネルギー消費化をすすめることが、企業を動かします。

一つだけ例を挙げておきましょう。電気機器を使っていないときでも知らない間に電力を消費してしまう「待機電力」です。時計が組み込まれていたり、リモコンの「指示待ち」のために通電状態になっていたりするので、いつも電気を使っているのです。待機電力としては家庭用の電気機器のことがよく話題になりますが、オフィスや工場などでの待機電力も、きわめて大きい数字になるでしょう。

不要な機能のために待機電力を消費しているものも、少なからずあります。機種によって待機電力はまちまちです。この待機電力のことが問題になり、消費者が電気機器のコンセントを抜いたり、待機電力の小さい機器を選ぶようになると、メーカー側でも、待機電力の電源を使う側で簡単

私は風力。
私はソーラパネル。
私は小型水力発電。
ゲッ!!
私はじっと我慢。
原発

に切れる機種の開発とか、待機電力を減らす技術の開発とかがすすめられ、「待機電力ゼロ」や「〇分の一」を売り物にする機種が増えてきました。

一人ひとりの力が

脱原発を願う世論が、原発廃絶の最も大きな原動力であるのは、言うまでもありません。ドイツでは、そしてデンマークでもオーストリアでも他の国でも、特別な人が特別なことをして原発を追いつめたのではありません。同様に日本でも、一人ひとりの責任感が、やがて原発を追いつめる政治的なパワーとなったとして、なんの不思議があるでしょうか。

〈著者略歴〉

西尾　漠（にしお　ばく）

NPO 法人・原子力資料情報室共同代表。『はんげんぱつ新聞』編集長。
1947 年東京生まれ。東京外国語大学ドイツ語学科中退。電力危機を訴える電気事業連合会の広告に疑問をもったことなどから、原発の問題にかかわるようになって 40 年。主な著書に『原発を考える 50 話』（岩波ジュニア新書）、『原子力・核・放射線事故の世界史』『日本の原子力時代史』（七つ森書館）、『なぜ即時原発廃止なのか 』『プロブレムＱ＆Ａなぜ脱原発なのか？［放射能のごみから非浪費型社会まで］』、『プロブレムＱ＆Ａむだで危険な再処理［いまならまだ止められる］』『プロブレムＱ＆Ａ原発は地球にやさしいか［温暖化防止に役立つというウソ］』（緑風出版）など。

プロブレムQ＆A
新《しん》・なぜ脱原発《だつげんぱつ》なのか
[放射能のごみから非浪費型社会まで]

2003年　1月20日　初版第1刷発行　　定価1800円＋税
2011年　4月30日　初版第2刷発行
2018年10月10日　改訂新版第1刷発行

著　者　西尾　漠©
発行者　高須次郎
発行所　緑風出版
〒113-0033　東京都文京区本郷2-17-5　ツイン壱岐坂
〔電話〕03-3812-9420　〔FAX〕03-3812-7262　〔郵便振替〕00100-9-30776
[E-mail] info@ryokufu.com
[URL] http://www.ryokufu.com/

装　幀　斎藤あかね　　カバーイラスト　Nozu　　本文イラスト　堀内朝彦
組　版　R企画　　印　刷　中央精版印刷・巣鴨美術印刷
製　本　中央精版印刷　　用　紙　中央精版印刷・大宝紙業　　E1200

ISBN978-4-8461-1815-0　C0336